【図解】

物理学の理論と法則の世界

人物と歴史と
身近な事例で
面白いほどよくわかる！

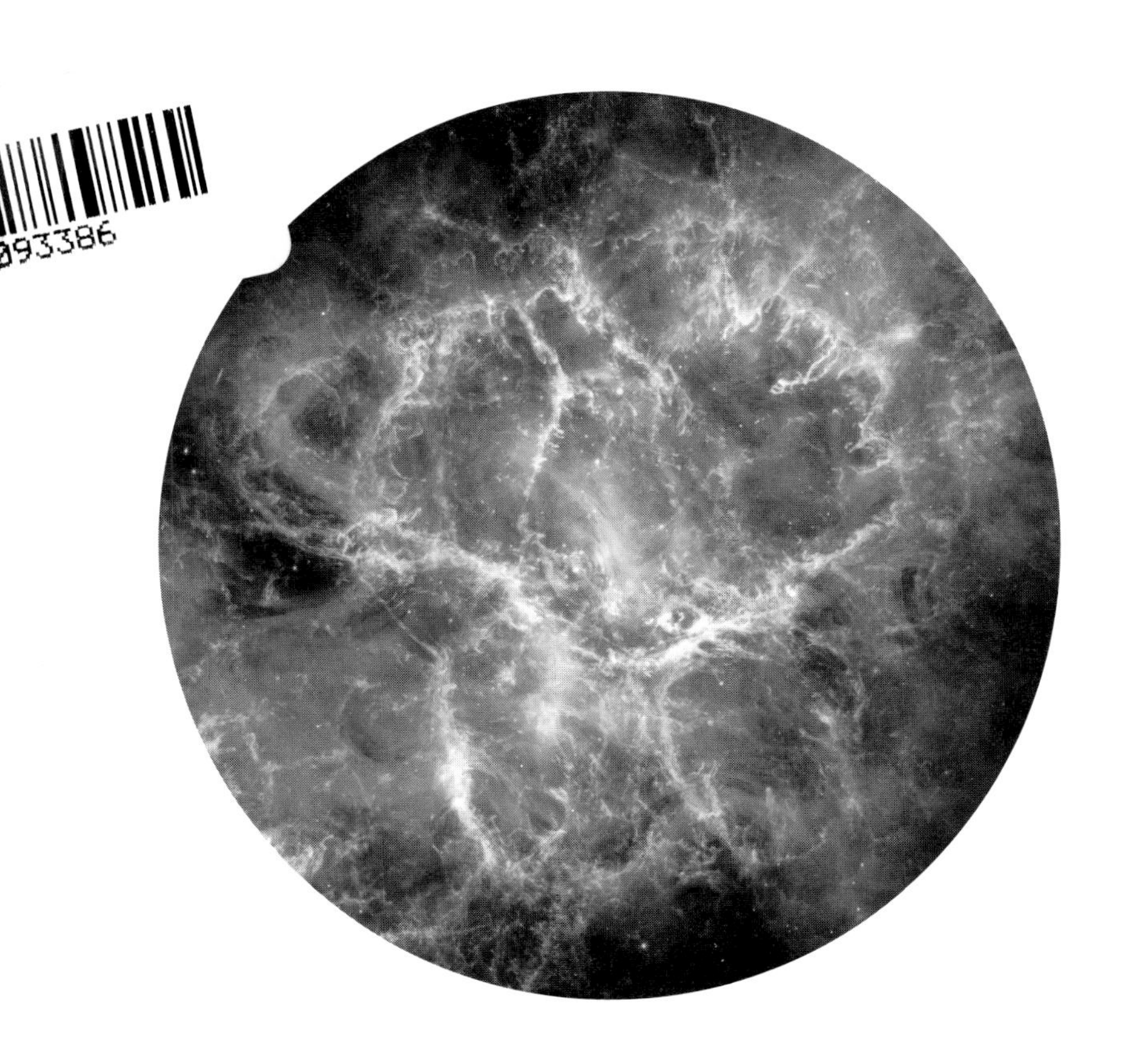

矢沢サイエンスオフィス・編著

目次

物理学10大理論

巻頭折込●物理学者絵巻／ニュートンとアインシュタインの記憶

はじめに●古典物理、相対性理論、量子物理はどう違う？ 4

パート1 ニュートン力学
すべてはニュートンに始まった …… 8
「運動の3法則」と「万有引力の法則」
ニュートンの錬金術 13

パート2 特殊相対性理論と一般相対性理論
アインシュタインの「特殊」と「一般」2つの相対論 …… 14
ニュートン物理学からの決別
アインシュタインに並ぶ20世紀の物理学者たち 21

パート3 量子力学
「量子力学」とはどんな物理学？ …… 22
常識も直感も通じない〝もつれた世界〟
量子コンピューターの現実味 27

パート4 電磁気学
電場と磁場を〝統一〟した男 …… 28
技術文明の礎石となった物理学

パート5 核物理学
原子核の世界を探る「核物理学」 …… 32
すべては目に見えない原子から始まる
宇宙を支配する「核融合エネルギー」の物理学 …… 36

パート6 素粒子物理学
見えない物質「素粒子」の物理学 …… 40
〝物質をつくる物質〟はどこにあるか？

扉写真／NASA/ESA/CSA/STScI/T. Temim (Princeton Univ.)

パート7
天体物理学

超新星とブラックホールの物理学……46
巨星が死に、ブラックホールが残る
▼物理学の単位の話 45
✦ブラックホールの最新物理学……50

パート8
“欠落”の宇宙エネルギー

暗黒エネルギーと暗黒物質の物理学……52
何も見えない、だがそれでも存在する？

パート9
宇宙論

「ビッグバン宇宙論」の物理学……56
それでも宇宙の誕生と進化の謎は解けない？

パート10
未知の物理学

セオリー・オブ・エブリシング……61
物理学の「究極の理論」はいつ発見されるか？
▼「統一理論」は何を統一するのか？ 64

補章

1 光学
光と色の物理学……66
ニュートンとフックの見苦しい争い

2 流体力学
「流体」の運動方程式……70
飛行機はなぜ空中を飛べるのか？

3 熱力学
熱の物理学とエントロピーの話……73
熱とエネルギーの正体を探る

4 低温物理学
極低温の物理学……76
物理法則が壊れる「極低温」の世界

5 生物物理学
生物体の物理学……79
生物はどこまで機械か？

CONTENTS

はじめに

古典物理、相対性理論、量子物理はどう違う？

「物理学」という言葉は、その響きからして何やら堅苦しく仰々しく聞こえるかもしれません。しかし実際の物理学は、科学のあらゆる分野のＡＢＣでありイロハであるとも言えます。

われわれの日常を支えている生活的科学も、広大無辺の広がりをもつ天文学も、工学や医学や生物学も、ふたを開けるとその中味は物理学という抽象的な素材に根ざしていることがわかります。言いかえると、物理学は本質的に社会常識としての側面がもっとも色濃い科学ということになります。

そのことを実証するように、たとえ自分が物理学の部外者であり、七面倒な物理理論などお呼びではないという人でも、無意識のうちに物理学の知識を身につけていることが少なくありません。たいていの人がニュートンやアインシュタインの名前を知っており、万有引力の法則や相対性理論やブラックホールやビッグバン宇宙などについて見たり聞いたりしたことがあるはずです。もしそうなら、その人はすでに物理学の入口に立っているのです。

とはいえ、実際に物理学に多少きまじめに足を踏み込むと今度こそ面倒至極なことになり、たちまち迷子になる――そこで、物理学全体の平易な案内図として編纂（へんさん）したのが本書です。

こうして物理学の世界をのぞき始めると、すぐに目にするであろう見慣れない表現があります。「古典物理」「相対性理論（相対論的物理）」「量子物理」といった言葉です（古典物理は古典力学、量子物理は量子力学といっても意味は同じです）。

これらはどれも物理学を組み立てているさまざまな理論や見方についての３つの視野です。①古典物理とはニュートン力学に始まり19世紀末ころまでに築かれた物理学であり、②相対性理論と③量子物理はいずれも20世紀初頭に生まれた新しい、しかしたがいにまったく異質の物理学です。

同じ物理学をなぜ3つに分けるのか――それには必然的な理由があります。それぞれが扱う対象が大きく異なり、混ぜこぜにはできないからです。古典物理はおもに地球上での物体の運動やふるまいを注視し、アインシュタインの相対性理論は宇宙スケールの巨大空間における重力を主役とする物体やエネルギーのふるまいがお相手です。そして量子物理は人間の目には見えない原子よりさらに小さな世界を扱います。ＡがＢの世界を、ＢがＣの世界を扱うことはできません。なぜ？　それは、３つの物理学がどれも不完全だからにほかなりません。どこが不完全なのかは本書のそれぞれの記事でそ

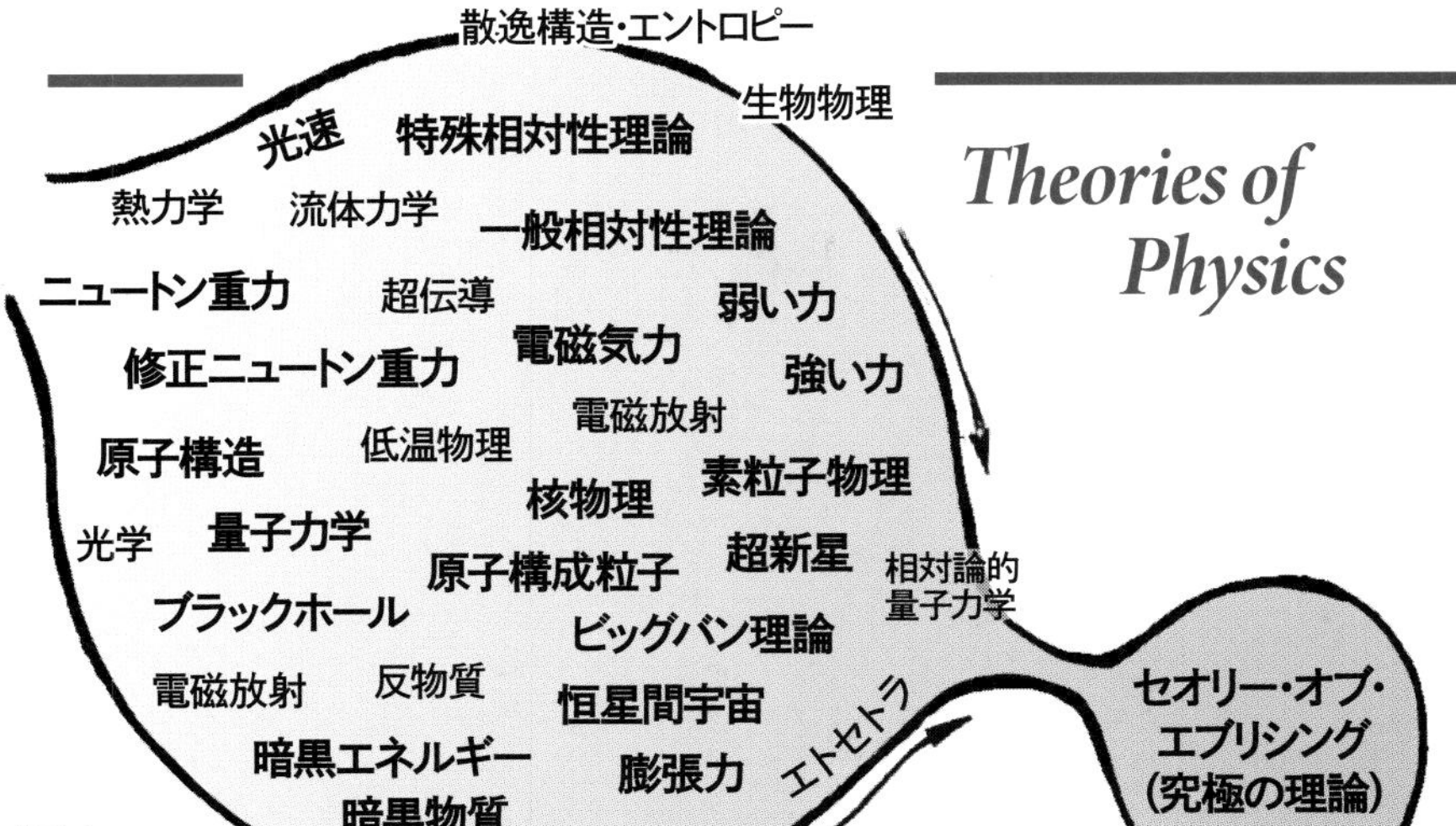

作成／矢沢サイエンスオフィス

のつど指摘しています。

ちょっと横道にそれると、「相対性理論は古典物理である」と主張する人々がいます（とくに日本で）。つまり物理学を3つではなく、古典物理と量子物理の2つに分ける見方です。

理由はこうです。古典物理の大前提に「物理法則は座標系によって変わることはない」というものがあり、これを踏襲している相対性理論は古典物理だというのです。ここでいう「座標系」とは空間における位置（起点）を厳密に示すためのツールです。グラフを描くときによく縦、横、高さ（x軸、y軸、z軸）を用いますが、あれです。同じ前提条件の上に築かれたものは何であれ同類だと。

他方欧米の物理学者は、相対性理論は古典物理とは別物であり、これは〝現代物理〟とでも呼ぶべきだと言います。そして相対性理論＝古典物理という見方は初学者向けの説明だとも。まあこの異論反論は物理学者たちに任せて、ここでは深入りしません。

ちなみに相対性理論と量子物理にはいまのところ共通点はありません。それらを合体する新理論の試み――本文でも取り上げている〝セオリー・オブ・エブリシング〟――はあるものの、近々成功しそうだという噂や情報は見かけません。そのため3つの物理学は鼎立（ていりつ）したままです。これは物理学がいまだ著しく不完全であることを示しています。

ところで、こうした物理学の世界を自ら構築してきた物理学者とはどんな人々でしょうか？　筆者はこれまでに現代を代表する数十人の物理学者――多くはノーベル賞学者――とさまざまな形で接触してきました（日本人ノーベル賞受賞者は2人）。目的は、彼らにインタビューをしてナマの声を筆者が編纂した出版物に載せるため。これらは中国と韓国でも翻訳出版されました。

インタビューのためおもに筆者のスタッフ（アメリカ人とドイツ人の科学ジャーナリスト）を現地に送り込み、何人かを講演のため日本に招く交渉などは筆者が行いました。

これらの物理学者は業績だけでなく人間性も大変印象的でした。たとえば素粒子物理でノーベル賞を受賞し、〝クォークの父〟と呼ばれたマレー・ゲルマン。インタビューは彼の自宅を訪ねて行い、後で録音から書き起こした原稿を送ると、ゲルマンは筆者に手紙を送ってきました。そこには「内容については最大限の修正を行う権利を主張したい」

と書いてあったのです。結局半年も待たされたため、彼の記事はその出版物の巻末にぎりぎりで載せることになりました。

このときドイツ人スタッフが筆者の名刺をゲルマンに渡すと、彼はそれをじっと見つめてから書斎に入り、やおら戻ってくると、「やはりそうだ。この名前は〝アロースウォンプ〟だ！」と興奮気味に叫んだというのです。筆者（矢沢）の矢は英語ではアロー、沢はスウォンプ。これには仰天しました。何カ国語も理解すると聞いてはいたものの、漢字の一字一字の意味まで知っている。とりわけ沢という字が沼沢（しょうたく）のことだといったいどこで知ったのでしょうか。

いまひとりをあげるなら日本に招聘したイギリスの理論物理学者ロジャー・ペンローズ教授です。彼とは来日前に講演内容などについて何度も手紙でやりとりしましたが、彼の手紙はすべて手書きのエアメール。それもマジックペンで書き、強調部分を色分けしていた。彼はこうも言ってきました――「講演の際に用いるプロジェクターは最新型ではなく従来のものにしてほしい」。彼にかぎらず大科学者になるほどデジタルっぽいハイテクは好きではないのです。

その彼が来日した際、講演場所の京都国際会館の控室に挨拶に行くと、教授と夫人がすぐに立ち上がって筆者に丁寧に頭を下げ、さらに夫人が2、3歩後ろに下がったのです。筆者は恐縮するばかり。世界的な物理学者にそのような挨拶を期待するはずもありません。かくも謙虚で礼儀正しいペンローズ教授が２０２０年にノーベル賞を受賞すると、筆者は当時を思い出してひとり喜んだのです。

こうしたエピソードは枚挙にいとまがありません。地中海シチリア島の古城でのシンポジウムで会ったアメリカの〝水爆の父〟エドワード・テラー（顔を合わせると反射的に眼鏡をはずして表情を整えた）、東京から岡山まで新幹線で同行したアポロ計画――人間を月に送り込んだ――の時のＮＡＳＡ長官トーマス・ペイン（打ち上げロケットの技術でなぜ日本が遅れているのかを話し合った）、宇宙大規模構造の発見者でともに国内を車で旅したハーバード大学教授マーガレット・ゲラー。さらに電弱統一理論のスティーブン・ワインバーグやエントロピー&散逸構造理論のイリヤ・プリゴジン等々。

ふりかえると、歴史的な業績をあげた高名な物理学者や天文学者はなぜかくも率直で謙虚なのかと思います。本書で取り上げたどの時代のどの理論や発見も、こうした人々の並外れた思索力と探究心から生み出されたものです。

しかしそれらの理論は本書で指摘しているように、21世紀のいまも大小の不備を引きずり、相互矛盾してもいます。新しい世代の物理学者たちが壁を乗り越え、すべての理論をより完全な高みへと押し上げることを期待するのみです。

２０２３年秋　矢沢　潔

Theories of Physics

物理学 10大理論

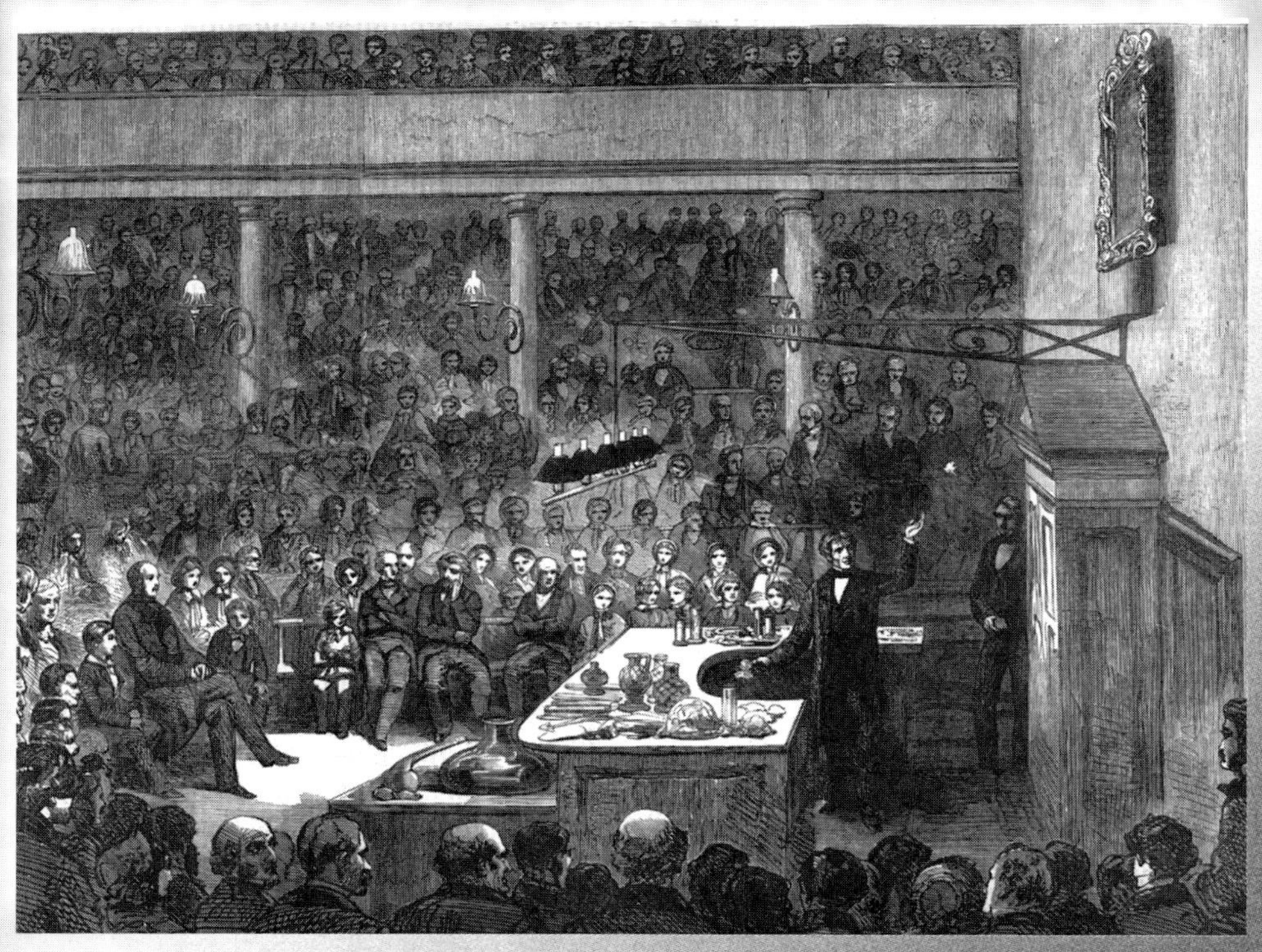

1856年、イギリス王立協会で時のウェールズの王族を前に講演するマイケル・ファラデー。
資料／The Illustrated London News, vol.28 (1856) 177

すべてはニュートンに始まった

「運動の3法則」と「万有引力の法則」

ニュートンの著作『プリンキピア』の中身

物理学の解説記事を見ると、あるときは「ニュートン力学」と書き、またあるときは「ニュートン物理学」と書いている。ときには「ニュートン理論」とも。いったいどうなっているのか？慣れない人にはそれぞれの意味の違いが気になる。

実際にはこれらはみな基本的に同じである。その表現を用いる物理学者や解説者が自分なりに使い分けることもなくはないが、読者が気にするほどの違いはない。力学と言おうと物理学と言おうと、それは17世紀末にイギリスのアイザック・ニュートン（**図1左**）が生み出した「運動についての科学的原理と法則」を意味している。そしてニュートンのこの業績は、われわれがいま「古典物理」と呼ぶものの基礎となっている。

ここではさしあたりニュートン力学と呼ぶとすると、これは現代に生きるわれわれが日々用いている力学の同意語である。そしてこの意味は、アインシュタインの「相対性理論」やこれと同じ頃に生まれた「量子力学」との対比として用いられる。

ニュートンの最大の業績は、1687年に発行され、いまに至るまでもっとも重要な科学書、物理学書のひとつとされている著書『プリンキピア（プリンシピア）』全3巻に集約される。原題はラテン語で〝Philosophiæ Naturalis Principia Mathematica〟と言い、日本では「自然哲学の数学的諸原理」などと訳されている（**図2**）。

ちなみにニュートンがこの大著を書き上げたのは44歳の頃であった。だがイギリス王立協会はこれを受け付けなかった。当時この類の本はあまり存在せず、王立協会にとって商売にならないと見られたからでもあった。

結局、後にハレー彗星の回帰現象を予言して有名になる天文学者エドモンド・ハレー（**図1右**）が資金を提供し、ニュートンは250部ほどの初版をいわば自費出版した。歴史的にとほうもない重大性を秘めた本のあまりにささやかな誕生であった。いまでは世界20カ国語以上に翻訳・出版されている。

図1 ➡アイザック・ニュートンと、彼の理論を本にまとめるように強く勧めたエドモンド・ハレー（ハレー彗星の回帰を予言）。イギリス王立協会は予算不足でニュートンの本を出版できず、結局ハレーの資金的好意に頼っての“自費出版”となった。

PHILOSOPHIÆ
NATURALIS
PRINCIPIA
MATHEMATICA.

Autore JS. NEWTON, Trin. Coll. Cantab. Soc. Matheseos Professore Lucasiano, & Societatis Regalis Sodali.

IMPRIMATUR.
S. PEPYS, Reg. Soc. PRÆSES.
Julii 5. 1686.

LONDINI,
Jussu Societatis Regiæ ac Typis Josephi Streater. Prostat apud plures Bibliopolas. Anno MDCLXXXVII.

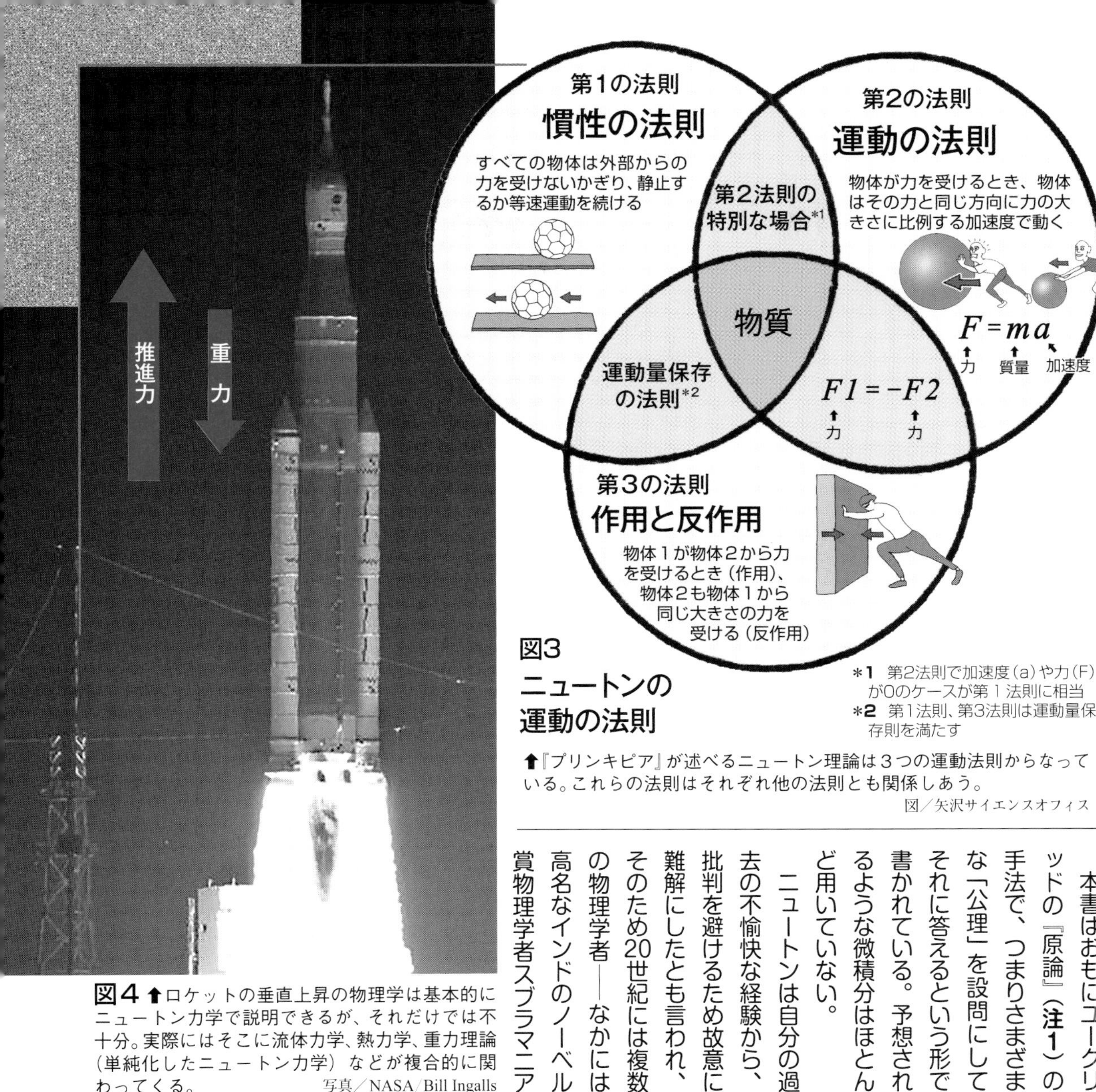

図3 ニュートンの運動の法則

*1 第2法則で加速度（a）や力（F）が0のケースが第1法則に相当
*2 第1法則、第3法則は運動量保存則を満たす

⬆『プリンキピア』が述べるニュートン理論は3つの運動法則からなっている。これらの法則はそれぞれ他の法則とも関係しあう。

図／矢沢サイエンスオフィス

図4 ⬆ロケットの垂直上昇の物理学は基本的にニュートン力学で説明できるが、それだけでは不十分。実際にはそこに流体力学、熱力学、重力理論（単純化したニュートン力学）などが複合的に関わってくる。

写真／NASA／Bill Ingalls

本書はおもにユークリッドの『原論』（**注1**）の手法で、つまりさまざまな「公理」を設問にしてそれに答えるという形で書かれている。予想されるような微積分はほとんど用いていない。

ニュートンは自分の過去の不愉快な経験から、批判を避けるため故意に難解にしたとも言われ、そのため20世紀には複数の物理学者――なかには高名なインドのノーベル賞物理学者スブラマニアン・チャンドラセカールもいる――がわざわざ解説書まで書くに至っている。興味のある人は日本語訳を手に入れることもできるが（いまではキンドル版もある）、平易な読み物ではないので読んで面白いというものではない。

ちなみにニュートンは錬金術にはまっていたと噂されている。それは単なる噂ではなく事実だが、その研究については別のノートに記録しており、『プリンキピア』では何も触れていない（13ページコラム参照）。

「運動の3法則」とはどんな法則？

『プリンキピア』の内容、つまりニュートン力学の骨格は物体の運動についてのものだ。よく知られているようにそれは3つの運動の法則から構成されており、一般に「運動の3法則」（**図3**）と呼ばれる。

第1の法則◆慣性の法則

慣性とは、止まっている物体

注1➤『原論』 古代ギリシアの数学者ユークリッド（エウクレイデス。紀元前300年頃）の著書とされる。点と線と角度、それに図形を扱うユークリッド幾何学（平面幾何学、2次元幾何学）の集大成。この幾何学は現在も建築、技術工学、物理学などの分野の重要なツールとなっている。

図2 ➡1687年にラテン語で出版された『プリンキピア』の表紙と手書きの草稿。この書は現在の古典物理学の基礎を築き、歴史上もっとも社会的影響力の大きな本の1冊となった。この本の英語版は原書から42年後の1729年に出版された。

資料／The Royal Society

は止まったままでいようとし、運動している物体は（外部から力を加えないかぎり）同じ速度で運動し続けようとする、という性質（法則）のことだ。ニュートンは、物体に外部から余剰の力が加わったときにのみその物体は加速度運動をする（運動速度が変化する）と考えた。

ちなみに、この〝慣性〟——ラテン語または英語のinertia（イナーシャ）の訳語——という性質を発見したのは16世紀末のガリレオ・ガリレイである。この発見によって古代ギリシアのアリストテレス以来の運動の見方は根底からくつがえされ、現代的な物理学の萌芽ともなった。

単なる偶然であろうが、ガリレオの死の翌年にイギリス東海岸の寒村で未熟児として生まれ、複雑な家庭事情から祖母に育てられたニュートンは、小柄で内向的、友人もあまりいなかった。だが成長するとケンブリッジ大学で学ぶようになり、後には力学体系の基礎を築いて歴史的人物へと変貌するのである。彼は自然哲学者であるのみでなく、数学者、物理学者、天文学者それに神学者ともなった。

第2の法則◆加速度の法則

これは、物体にはたらく力と物体の加速度（時間あたりの速度の変化量）は正比例し、力がはたらく方向に作用するというものだ。

表現を変えるとこうも言える。つまり物体に作用する力が増えると物体の加速度は増大し（＝加速しやすくなる、つまりより短時間で速度が増す）、物体の質量が増大するとその加速度は減少する（＝加速しにくくなる、つまり加速により時間がかかる）。

さらに言いかえるなら、運動する物体の加速度は、その物体に外から加わる力とその物体の質量という2つの変数によって決まる——どれも意味は同じである。

実例としてロケットの打ち上げを考えてみる（前ページ**図4**）。ニュースなどでしばしばNASAの大型ロケットや日本のH2Aロケットが上昇していく場面を見る。これらのロケットは、発射台から上昇した直後はとほうもない重量の燃料を燃やして最大の推力（ロケットを押し上げる力。推進力）を生み出す。しかし上昇につれて燃料は急速に消費されて減少し、ロケットの全重量（質量）も減っていく。すると、同じ推力を保っているかぎりロケットはどんどん加速して速度が増していく。これは文字どおりニュートンの第2法則の実例である。

別の身近な例を考えてみる。たとえば自動車で走るとき、エンジン出力が同じでも、乗車人数が多くなれば自動車自体と人員の合計重量（質量）が大きくなるので、スタートしてから時速40㎞や80㎞に達するまでの時間が長くなり、逆にブレーキをかけたときにも減速や停止まで

ニュートンとライプニッツ

誰が「微分積分」を発明したのか？

⬆ライプニッツ。

ニュートンとドイツのゴットフリート・ライプニッツは、微分積分をどちらが発明したかをめぐって長年争った。17世紀後半の時代、両者は相手が何を研究しているか知らなかった。

衝突のきっかけはそもそも表記方法が違っていたことだった。ニュートンは黒点（・）を微分記号として用い、積分では表記が一定しなかった。他方ライプニッツは微分を“d”、積分を“∫（インテグラル）”という記号で表した。ニュートンの研究はほとんど私的な草稿に収められ、他方ライプニッツは論文や書簡で発表していた。

ライプニッツの論文を知ったニュートン側はライプニッツがアイディアを盗用したと非難、他方ライプニッツは「自分は独自に考え出した」と反論した。こうして両者は公に争うようになった。ついにロンドンの王立協会が調査に乗り出し、1713年、微積分の真の発明者はニュートンであり、ライプニッツは独自にその考えに到達したとの調査結果を公表。だが双方の支持者は納得せず、争いはその後長く尾をひいた。ちなみに以後の数学界では微積分にはライプニッツの表記を用いるようになった。直感的でわかりやすいという理由で。

column

コラム　ニュートンの万有引力の法則

　万有引力の法則は「宇宙のすべての物質の質量は他の質量との積に正比例し、他の質量との距離の2乗に反比例する力で他の質量を引きつける」というもの。数学的には図の右上のように表される。

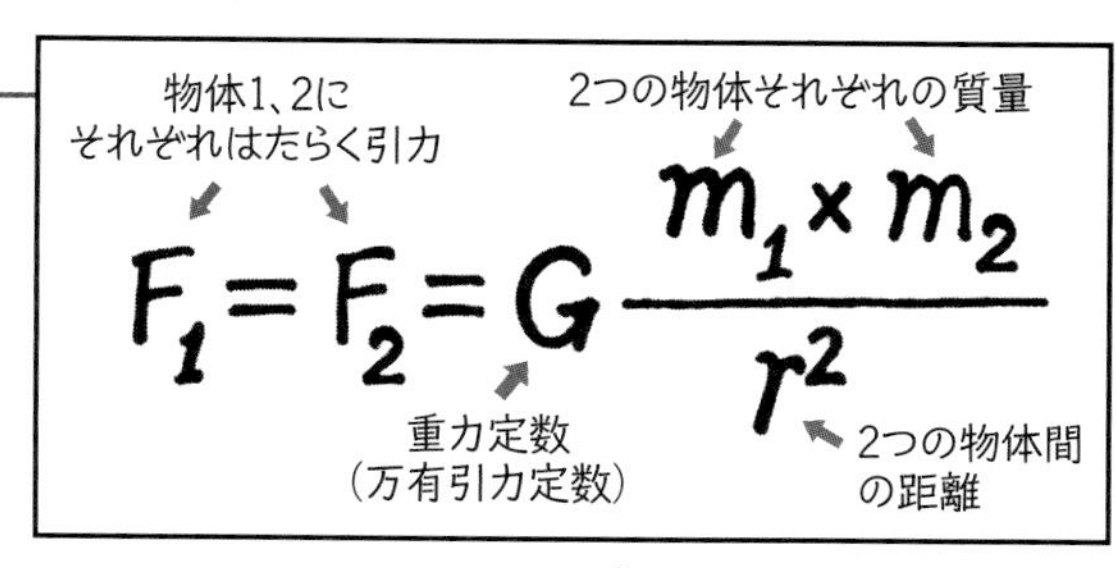

図5

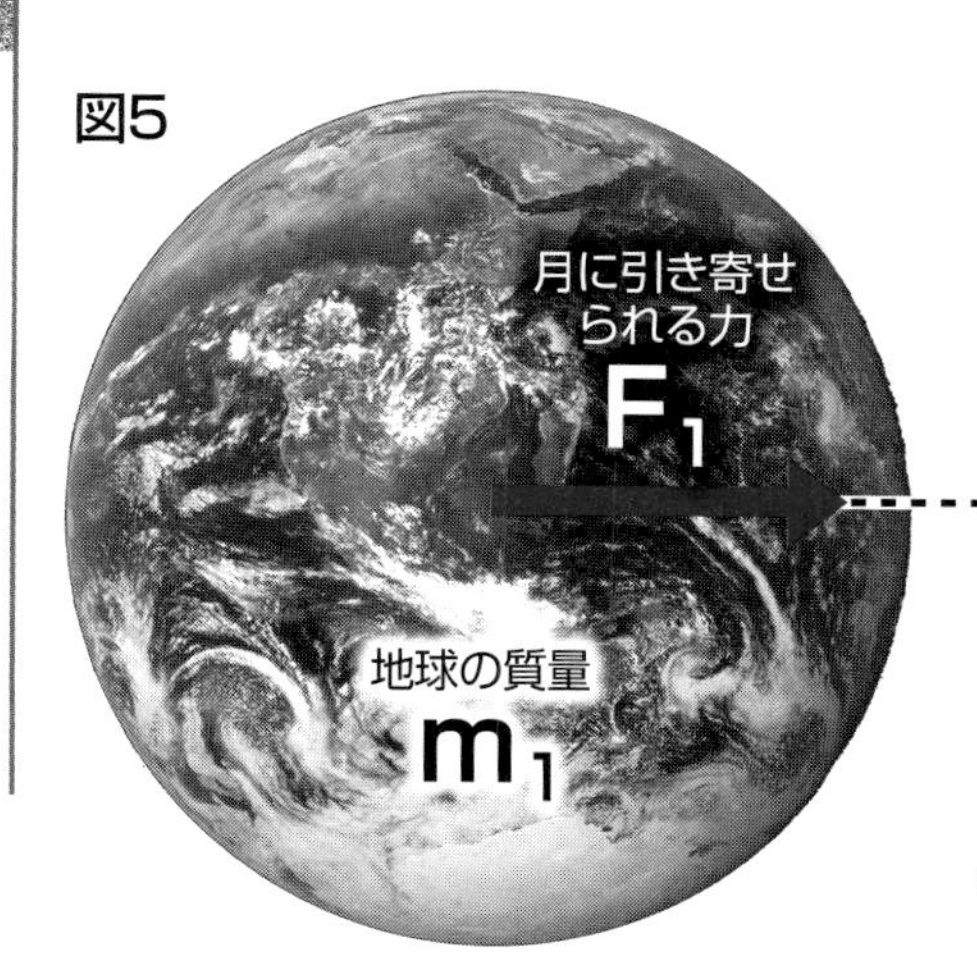

月の公転速度
地球に引き寄せられる力
F_2
遠心力
月の質量
m_2
2つの物体（質量）それぞれの（重力の中心）間の距離
月の軌道
r

写真／NASA

に時間がかかる。

第3の法則◆作用と反作用の法則

　これは、すべての作用に対して必ず逆向きで同じ大きさの反応（反作用）が生じるという法則である。

　たとえば相撲の力士が全力で相手力士に体当たりすると、その力（作用）とまったく同じ力（反作用）で相手から押し返される。ただし一方の力士の押す力（作用）がより強ければ、弱いほうの力士は同じ力（反作用）で体を支えきれず、相手の余剰の力によって跳ね飛ばされることになる。このような事例は身近にあふれている。

誰もが知っている「万有引力の法則」

　ニュートンの『プリンキピア』には、いま見た運動の3法則以外の法則も述べられている。とりわけ誰もが知っているものが「万有引力の法則」（**図5**）である。

　ニュートンは樹の枝から落ちるリンゴを見て万有引力の法則を発見したというエピソードが世界中に広がっているが、これは話をわかりやすく印象的にするおとぎ話の類である。たしかに彼が庭に出て思索しているときに偶然目にした落ちるリンゴは重力を考えるきっかけになったかもしれないが。

　ちなみに、ロンドンでペストが大流行していた1665年、ニュートンはケンブリッジ大学から避難して故郷に戻り、こうした問題をゆっくり考える時間があった。このペスト大流行ではロンドンの人口の4分の1、10万人が死んだと記録されている（**下豆知識**）。

　ともあれ彼は長年、惑星がなぜ太陽の周囲をめぐるのか、地球上の物体がなぜ落下する（運動する）のかを考え、数式化を試みていた。そしてまったく新しい法則、すなわち次のような「万有引力の法則」を手にした。

　「宇宙をつくっているすべての物質は他のすべての物質を引きつける。その力（引力）は、そ

豆知識　ペスト　中世ヨーロッパはたびたび“黒死病（腺ペスト）”の蔓延による大惨事に見舞われた。とりわけ14世紀のペスト禍は全ヨーロッパに広がり、各国の人口の30～60%ときにはそれ以上の人々（合計3000万～6000万人）が死亡した。17世紀のペスト禍は何度もくり返され、とくに1665年のニュートンの時代のそれは史上もっとも悪名高い災害のひとつとして記憶された。

れらの質量の積に正比例し、物体どうしの距離の2乗に反比例する」

　ただし引力のしくみ──なぜ物質どうしは引きあうのか──についてはいまも不明のままだ。ニュートンも「なぜかはわからない。私は仮説は用いない」という有名な言葉を残したのみだ。

　『プリンキピア』はほかにも、理論を裏付けるためにニュートン自身が開拓した微積分などの数学的手法やテクニックについて記している（微積分の開拓については争いがあったが。10ページコラム）。これによって物理学の世界は数学で記述できるようになり、科学を人類全体のものへと発展させる基礎が築かれることになった。

ニュートン力学の不完全部分

　ニュートンが生み出した理論は、われわれの身近な環境条件の下では驚くばかりに正確かつ精密である。つまり光速よりははるかに遅い速度で運動する物体、あるいは天文学的な超巨大質量や超高温ではない状況下では、それらはほとんど完璧なまでに適用される。

　ただしニュートンが生きた時代背景もあって、現在の物理学やある種の極限条件を前提とする物理学と対比させると、そこには不完全性や誤りも存在する。

　その第1は「相対論的効果」についてのものだ。光の速度（真空中で毎秒30万㎞）に近づくような超高速の条件下では、彼の力学は崩壊してしまう。そうした条件下での物体のふるまいを正確に記述するにはアインシュタインの特殊相対性理論（14ページ記事参照）の登場を待たねばならなかった。この理論は空間と時間についての人間の理解を大きく修正させ、「時間の遅れ」や「長さの収縮」といったまったく新しい見方をもたらすことになる。

　第2に、ニュートンの理論は、原子や原子構成粒子（亜原子粒子や素粒子）のような最小レベルの粒子のふるまいを説明することができない。これらを説明するには量子力学（22ページ記事参照）の登場を待たねばならなかった。

　第3に重力（彼の場合は引力）の性質と作用のしかたについての説明が不十分だった。星のように非常に巨大な物体、あるいは非常に強力な重力場が生み出す物理的現象については、アインシュタインの一般相対性理論の登場が不可欠であった。

　第4に、彼の古典的理論は、宇宙誕生直後やブラックホールのような極度の高エネルギーや高密度の状況下での物体やエネルギーの在りようをうまく説明することができない。これには量子場の理論や量子重力理論（**注2**）などの登場を待たねばならない。

　しかし忘れてはならないのは、ニュートンの理論はわれわれの日常的な世界ではいまもほぼ完全に正しいということだ。

　あたかも時代遅れのような印象を与える〝古典的〟という形容詞をつけて呼ばれるニュートンの理論体系が存在したからこそ、その上に立って相対性理論（これも古典物理学とされることもある）や量子力学を築くことができたという歴史的事実を忘れることはできない。●

注2➤量子重力理論　ニュートン的な古典力学では連続的に作用し（連続量）、かつ離れた距離間ではたらく力（遠隔力）とされていた重力を、力を伝達する量子（粒子）による非連続的（離散的）な近接力として扱おうとする理論。

column

図6

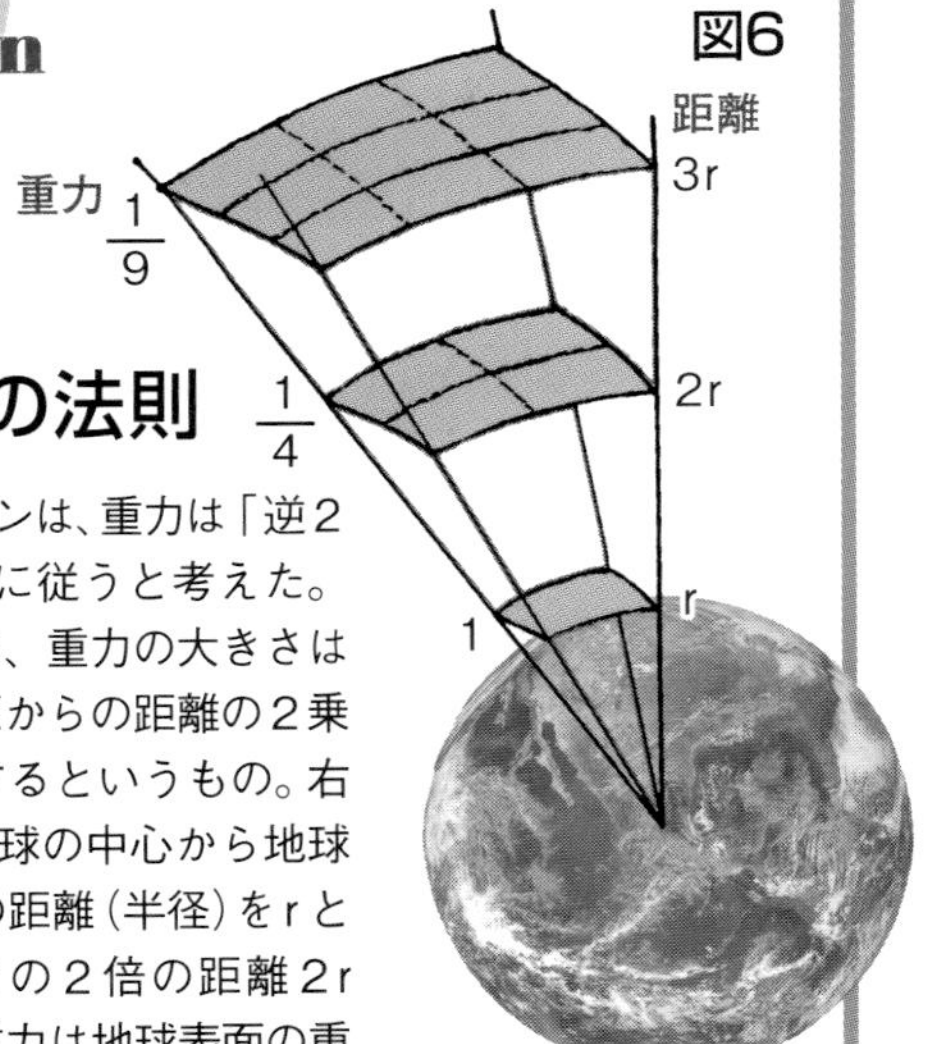

重力　距離
$\frac{1}{9}$　3r
$\frac{1}{4}$　2r
1　r

逆2乗の法則

　ニュートンは、重力は「逆2乗の法則」に従うと考えた。この法則は、重力の大きさはその発生源からの距離の2乗に反比例するというもの。右の図は、地球の中心から地球表面までの距離（半径）をrとすると、その2倍の距離2rにおける重力は地球表面の重力の4分の1、3倍の距離3rでは9分の1になることを示している（逆2乗とは数字の2乗分の1）。

　ニュートンは重力場は距離が遠くなるにつれて3次元的に広がるとも述べている。

ニュートンの錬金術

イギリスにはニュートンと彼の業績についての記録や分析、人物評などを記した文献が山のごとく存在する。それらはニュートンの死からまもなくして書かれたものもあれば、20世紀初頭やつい近年になって書かれたものもある。あまりの分量にすべて目を通すことは不可能に近い。ここではそれらの文献からあるトピックを拾い出し、ニュートンという人間の一面をのぞいてみる。

ニュートンの死（1727年）から20世紀初頭に至るまで、他の物理学者や評論家は彼の人間性についてあまり深入りしなかった。それはニュートンが近代的思考の科学者・数学者というより、『プリンキピア』以後、錬金術（数十年も研究を続けた）やさまざまな発明、それに権力欲や権威性を求める政治に深入りしたことがいわば気に入らなかったからだ。ちなみにニュートンの錬金術研究とは、ありふれた金属を文字どおり金に転換する実験などで、彼は実験内容をくわしく記録していた。

何が直接の原因か不明だが、ニュートンは後年、精神疾患（神経衰弱）に陥った。いろいろな推測がある。長年の錬金術の実験で慢性水銀中毒になった、あまりの過労で精神に異常を来した、当時の国王が彼の求めていた高い地位に任命しなかったことで失望ないし絶望した、などだ。彼を評する後の科学者たちはこうした側面を無視したり削除したりした。ニュートンは運動の法則を発見し微分積分を発明した偉大な科学者・数学者である、ピリオド。

だがこうしてつくられたニュートン像を大きく修正する者が現れた。20世紀前半のイギリスの大経済学者ジョン・メイナード・ケインズだ。

ケインズはニュートン伝記ともいうべき随筆『ニュートン、ザ・マン』の中で、ニュートンは錬金術の研究に埋没したが、それは神秘主義や疑似科学への興味としてではなく、現代化学の前身としての錬金術に対する情熱的な探究心がそうさせたのだと書いている。さらに、そうした行為はニュートンの多面的な人間性と自然界のあらゆる謎を明らかにしようとする絶えざる好奇心のなせる技であったとも。ケインズ経済学の総帥がこう評したことにより、ニュートンを前近代的で神秘主義的、非科学的と見てその部分を軽視してきた知識人たちの習性は以後、虚しいものとなった。

そこで以下に、ニュートン自身の皮肉をこめた言葉を記しておくことにする――「私は天体の動きは計算できるが人間の狂気を計算することはできない」 ●

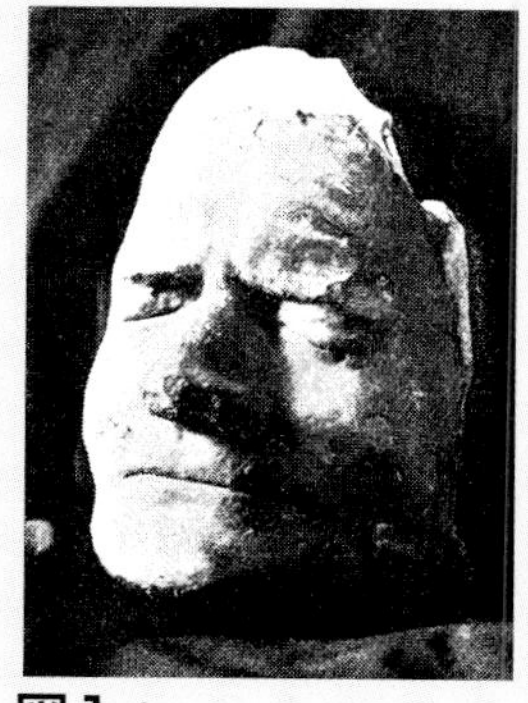

図1 ⬆ニュートンのデスマスク。後にいくつかのコピーがつくられたほか、小さなデスマスクの置物も大量に出回った。

ニュートンが錬金術の実験に没頭しているとき、彼の人生の友であった愛犬ダイヤモンドがあかり用のろうそくを倒して火災が起きた。火は部屋中に広がり、彼の16年間の研究成果である記録や資料がほとんど灰燼（かいじん）と化した。ニュートンは「おおダイヤモンドよダイヤモンドよ、自分がどれほどの損失を引き起こしたかおまえは知らないだろう」と言って嘆き悲しんだ。しかしすべての動物を深く愛していた彼はダイヤモンドを少しも責めたりしなかった。図／Morel

アインシュタインの「特殊」と「一般」2つの相対論

ニュートン物理学からの決別

1 相対性理論はなぜ“特殊”と“一般”なのか?

アインシュタインの相対性理論といえば、物理学にさして興味のない人でも理論名くらいは知っている。それは、大学理学部の学生でなくても、ふだんの社会生活の中でときに目にしたり耳にするほど有名だからであろう。

では相対性理論はどんな理論か、と問われてただちに答えられる人はとなると話は面倒になる。というのも、この理論は物理学のあらゆる理論の中でも難解さにおいて比類ないとされているからにほかならない。

とはいえ、現代人ならこの理論のアウトラインくらい知っておいて損はない。なぜなら、相対性理論は宇宙と時間、それに重力についての人間の古い見方を根底からくつがえし、以来、現代物理学の柱となってきたからだ。

アインシュタインが構築した相対性理論は2つに分けられる。彼が1905年に発表した「特殊相対性理論」(16ページ図4)とその10年後の1915年に公にした「一般相対性理論」である。

彼はなぜ自らの理論を相対性理論と呼び、さらにその頭に“特殊”と“一般”をつけ加えたのか?

その前に、理論名の中核をなしている“相対性”の意味が問われるかもしれない。それは時空(時間と空間)の性質を問題にした表現である。時間と空間は絶対的で変化しないと考えられていたが、この理論では、観察者や観察対象のおかれた状態によって“相対的に”伸び縮みするという意味である。

特殊相対性理論のただひとつの出発点

アインシュタインは1879年、帝政ドイツ南部の小都市ウルムでユダヤ人の両親の間に生まれた。家族は翌年には新しい家業を始めるためにミュンヘンに引っ越した。

だが、父親の家業はまもなく行き詰まり、家族はイタリアに、アインシュタインは兵役を逃れるためにスイスのベルンに引っ

2つの相対性理論(要点)

●特殊相対性理論(慣性系の物理法則)

前提①すべての慣性系で物理法則は同じである(相対性原理。注1)
前提②真空中の光速はすべての慣性系で一定である

上記の前提から導かれる理論の骨格
- 時間と空間は観測者によって異なる
- 光速に近い速度で進む物体の時間は遅れる
- 質量とエネルギーは等価である

●一般相対性理論(加速度系と重力系の物理法則)

前提①慣性質量と重力質量は等価である(等価原理)
前提②すべての座標系で物理学の諸法則は同じである(一般相対性原理)
前提③真空中の光速はすべての座標系で一定である

上記の前提から導かれる理論と現象
- 質量をもつ物体は周囲に曲がった空間を生み出す(予言:重力場を通過する光は曲がる、ブラックホールの誕生、有限の宇宙像)
- 重力場の中では光は赤方偏移する(時間が遅れる)
- 質量をもつ物体が加速度運動すると重力波が生じる
- アインシュタインによる統一場理論の試み(不成功)

TRIPLICATE
(To be given to declarant)

No. 1442

UNITED STATES OF AMERICA

DECLARATION OF INTENTION
(Invalid for all purposes seven years after the date hereof)

United States of America / District of New Jersey ss: In the District Court of The United States at Trenton, N. J.

I, Dr. Albert Einstein now residing at 112 Mercer St., Princeton, Mercer, N.J. occupation Professor, aged 56 years, do declare on oath that my personal description is: Sex Male, color White, complexion Fair, color of eyes Brown, color of hair Grey, height 5 feet 7 inches; weight 175 pounds; visible distinctive marks none race Hebrew; nationality German

I was born in Ulm, Germany, on March 14 1879

I am married. The name of my wife is Elsa; we were married on April 6th 1917, at Berlin, Germany; she or he was born at Hechingen, Germany, on January 18, 1877, entered the United States at New York, N.Y., on June 3, 1935, for permanent residence therein, and now resides at with me. I have 2 children, and the name, date and place of birth, and place of residence of each of said children are as follows: Albert born 5-14-1905 and Eduard born 6-28-1910 both born and reside in Switzerland

I have not heretofore made a declaration of intention: Number ..., on ...

at ...

my last foreign residence was Bermuda, Great Britain

I emigrated to the United States of America from Bermuda, Great Britain

my lawful entry for permanent residence in the United States was at New York, N.Y., on June 3, 1935

under the name of Albert Einstein

on the vessel SS Queen of Bermuda

I will, before being admitted to citizenship, renounce forever all allegiance and fidelity to any foreign prince, potentate, state, or sovereignty, and particularly, by name, to the prince, potentate, state, or sovereignty of which I may be at the time of admission a citizen or subject; I am not an anarchist; I am not a polygamist nor a believer in the practice of polygamy; and it is my intention in good faith to become a citizen of the United States of America and to reside permanently therein; and I certify that the photograph affixed to the duplicate and triplicate hereof is a likeness of me: So help me God.

Albert Einstein

Subscribed and sworn to before me in the office of the Clerk of said Court, at Trenton, N. J., this 15th day of January anno Domini 1936. Certification No. 3-120742 from the Commissioner of Immigration and Naturalization showing the lawful entry of the declarant for permanent residence on the date stated above, has been received by me. The photograph affixed to the duplicate and triplicate hereof is a likeness of the declarant.

George T. Cranmer
Clerk of the U. S. District Court.

[SEAL]

By ..., Deputy Clerk.

(The seal of the court will be impressed so as to cover a portion of the photograph)

Form 2202-L-A
U. S. DEPARTMENT OF LABOR
IMMIGRATION AND NATURALIZATION SERVICE

No. 5773

図1 ⬆1940年、アインシュタインはフィリップ・フォーマン判事からアメリカ市民権証書を受け取り、アメリカ国民となった。⬅彼がアメリカ政府に提出した申告書。誕生日、出生地、人種、結婚相手、身長体重、転居地などがくわしく記されている。写真上／Al. Aumuller/US Library of Congress 左／US District Court for the District of New Jersey. Trenton Term.

越した。そこで彼はカレッジを卒業したものの、望む職は得られなかった。

やむなくスイス特許庁の事務員となった彼は、かつて家業の電機部品製造をのぞき見た経験から「移動体の電気力学について」と題する論文を書き、物理学誌に投稿した。後に世界的に注目されることになる「特殊相対性理論」の誕生である。

この論文は、それまでの人間の空間と時間とエネルギーの見方、それに物理法則というものの性質を根底から変えるほどの衝撃性を秘めていた。

特殊相対性理論（特殊相対論）は、空間と時間はたがいにどのように絡みあうか、そして異なる速度で運動している観測者からどのように見えるかを考察していた。それは、ニュートンの古典的な物理学とはまったく相容れない見方であった。

アインシュタインはこの理論が〝特殊な場合にのみあてはまる〟と強調するためにそのような名称をつけた。特殊な場合とは変化しない（加速度のない）均一の運動、あるいはAとBがたがいに一定の速度で運動しているような状況のことだ。また重力の影響が存在しないと仮定した場合でもある。

この仮定に立つと、時間は伸長し長さは縮む、という現象が起こり得る。またそれは、〝同時に〟という見方が絶対的ではなく相対的でしかないことをも予言することになる。理論の要点は次のようになる。

①光の速度は不変

この理論の大前提として、真空中における光の速度（光速）

注1➤相対性原理　物理法則はあらゆる慣性系（一定速度で進む加速度のない系）において同一とする基本認識。このとき慣性系はどれも同等で“絶対的な慣性系”は存在しない（＝相対的）。17世紀、ガリレオ・ガリレイは「自身が静止しているか等速運動をしているかは見分けられない」という形で相対性原理を提唱し、これにもとづいて地動説を説明した。相対性原理は物理法則の普遍性に関する原理ともいえる。

は、それを観測する者のおかれた状態にかかわらず不変である。ある光源からやってくる光の速度は、静止している観測者から見ても運動している観測者からみても同じである（**図5**）。

それまで常識的であったニュートン物理学の視点を切り捨てたこの見方が特殊相対論の大前提であり、以下に見る理論の予言はすべてこの前提から必然的に導かれる。

②同時性は相対的

これは、誰かが「AとBという2つの出来事が同時に起こった」と言うとき、それは別の誰かにとっては必ずしも同時ではないことを指している。

いま佐藤さんが月面から地球を観察していると、東京とニューヨークで別々の交通事故が同時に起こったように見えた。ところが東京からニューヨークに向かって飛んでいる飛行機の乗客の山田さんには、それら2つの事故は時間的にわずかにずれて発生したように見える。

同時は同時ではないのか？そうではない。なぜなら、この理論が示す空間と時間の概念は、次の③で触れるように、われわれが考える「今」とか「1時間前」などの意味とは違うからだ。

特殊相対論では時間と空間という2つのものはなく、あるのはただひとつの「4次元時空」、つまり空間の3次元と時間の1次元がひとつにとけあったものである。どんな出来事もこの時空で起こるのであり、人間の日常感覚はそこでは通用しない。

③時間が遅れる

特殊相対論のもっとも有名な予言。その意味は、ある出来事に対して（相対的に）動いている観測者大谷さんとその出来事に対して静止している吉田さん

図2 ⬆子供時代のアインシュタインと2歳年下の妹マリア（マヤ）。アインシュタインは若くしてドイツを脱出、以後2人が再会することはなかった。

写真／ETH Library Zürich

コラム　世界一有名な方程式

1905年にアインシュタインが特殊相対性理論の中で発表したこの方程式は、質量とエネルギーは交換可能（同じ）であり、そこでは光の速度がカギ（変換係数）となっていることを示している。これは太陽のような星の内部や原子力発電所の原子炉などで生じる核エネルギーの原理である。

図3

エネルギー Energy　質量 mass　光速（定数） Speed of light (constant)

$$E=mc^2$$

639

13. ***Ist die Trägheit eines Körpers von seinem Energieinhalt abhängig?***
von A. Einstein.

Die Resultate einer jüngst in diesen Annalen von mir publizierten elektrodynamischen Untersuchung¹) führen zu einer sehr interessanten Folgerung, die hier abgeleit...
Ich legte dort d...

Trägheit eines Körpers von seinem Energieinhalt abhängig?　641

tiven Konstanten der Energien H und E abhängt. Wir können also setzen:

$$H_0 - E_0 = K_0 + C,$$
$$H_1 - E_1 = K_1 + C,$$

da C sich während der Lichtaussendung nicht ändert. Wir erhalten also:

$$K_0 - K_1 = L\left\{\frac{1}{\sqrt{1-\left(\frac{v}{V}\right)^2}} - 1\right\}.$$

Die kinetische Energie des Körpers in bezug auf (ξ, η, ζ) nimmt infolge der Lichtaussendung ab, und zwar um einen von den Qualitäten des Körpers unabhängigen Betrag. Die Differenz $K_0 - K_1$ hängt ferner von der Geschwindigkeit ebenso ab wie die kinetische Energie des Elektrons (l. c. § 10).

Unter Vernachlässigung von Größen vierter und höherer Ordnung können wir setzen:

$$K_0 - K_1 = \frac{L}{V^2}\frac{v^2}{2}.$$

Aus dieser Gleichung folgt unmittelbar:

Gibt ein Körper die Energie L in Form von Strahlung ab, so verkleinert sich seine Masse um L/V^2. Hierbei ist es offenbar unwesentlich, daß die dem Körper entzogene Energie gerade in Energie der Strahlung übergeht, so daß wir zu der allgemeineren Folgerung geführt werden:

Die Masse eines Körpers ist ein Maß für dessen Energieinhalt; ändert sich die Energie um L, so ändert sich die Masse in demselben Sinne um $L/9.10^{20}$, wenn die Energie in Erg und die Masse in Grammen gemessen wird.

Es ist nicht ausgeschlossen, daß bei Körpern, deren Energieinhalt in hohem Maße veränderlich ist (z. B. bei den Radiumsalzen), eine Prüfung der Theorie gelingen wird.

Wenn die Theorie den Tatsachen entspricht, so überträgt die Strahlung Trägheit zwischen den emittierenden und absorbierenden Körpern.

Bern, September 1905.

(Eingegangen 27. September 1905.)

図4 ➡1905年にアインシュタインがドイツの「アナレン・デア・フィジーク（物理年報）」に発表した特殊相対性理論のドイツ語論文。3ページ目に「質量はエネルギーを光速の2乗で割ったに等しい」という記述とその方程式“Masse um L/V^2”（図3の式のドイツ表記。Lはエネルギーの意味）が現れる。

資料／A. Einstein, Annalen der Physik (1905)

とでは、時間の流れが違うように感じるというものだ（**図6**）。

たとえばロケットに乗った大谷さんの運動速度が速くなると、静止している吉田さんは大谷さんの時間が自分の時間よりゆっくり流れていることに気づく。そして大谷さんの運動速度が速まるにつれてこの効果はしだいに顕著になり、ついに光速に近い速度（亜光速）になると時間はほとんど止まってしまう。この〝特殊相対論的効果〟をヒントにしたSF小説や映画がしばしば登場するのはその奇妙奇天烈の故だ。

④長さが縮む

同じところにじっとしている観測者が見ると、運動する物体の長さは運動方向に縮んで見える（**図7**）。これは、観測者から見ると物体の時空構造がいくらか変化するためというものだ。

いま見たどの現象もわれわれがふだん感じることはないし、怪しげなSFの主人公でもなければ亜光速で宇宙を飛んで行ったりはしない。では特殊相対論は怪しげな理論なのかといえばそうではない。この理論はさまざまな観測や実験で確かめられている。たとえば、誰もが日常的に利用しているGPS衛星や物理学者の巨大な実験装置である粒子加速器などでもこの相対論的効果が実証されている。

⑤質量とエネルギーの等価性

前記のすべては「（真空中の）光速は一定」という前提から出発し、結果的に〝$E=mc^2$〟つまり「エネルギーの大きさ＝質量×光速の2乗」という方程式を生み出した。この方程式は、物体の質量はすべてエネルギーに変換され得ることを意味し、その逆もまた真なりである（右ページ**コラム**）。

ちなみにこの方程式から物理学者たちは物質（原子、原子核）が秘める莫大なエネルギーの存在を予見し、1940～50年代に核分裂爆弾（原爆）や核融合爆弾（水爆）を開発した。そしていまでは、明日の人類文明を支える無限のエネルギーとして核融合発電などの研究開発が行われている（36ページ参照）。現在のわれわれの宇宙の見方も、この理論が出発点となっている（56ページ記事参照）。

図5 光の速度は不変

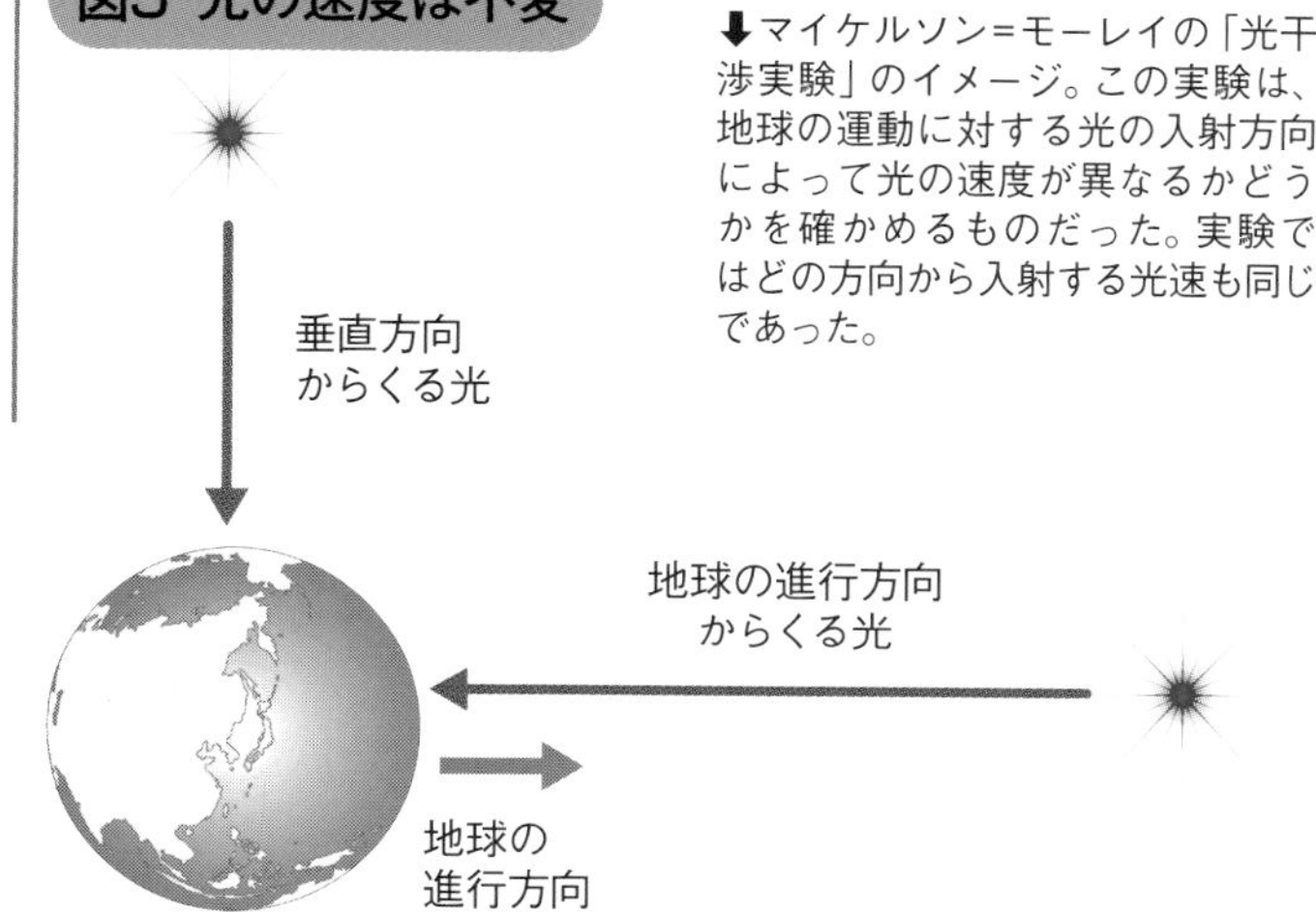

⬇マイケルソン＝モーレイの「光干渉実験」のイメージ。この実験は、地球の運動に対する光の入射方向によって光の速度が異なるかどうかを確かめるものだった。実験ではどの方向から入射する光速も同じであった。

図6 時間が遅れる

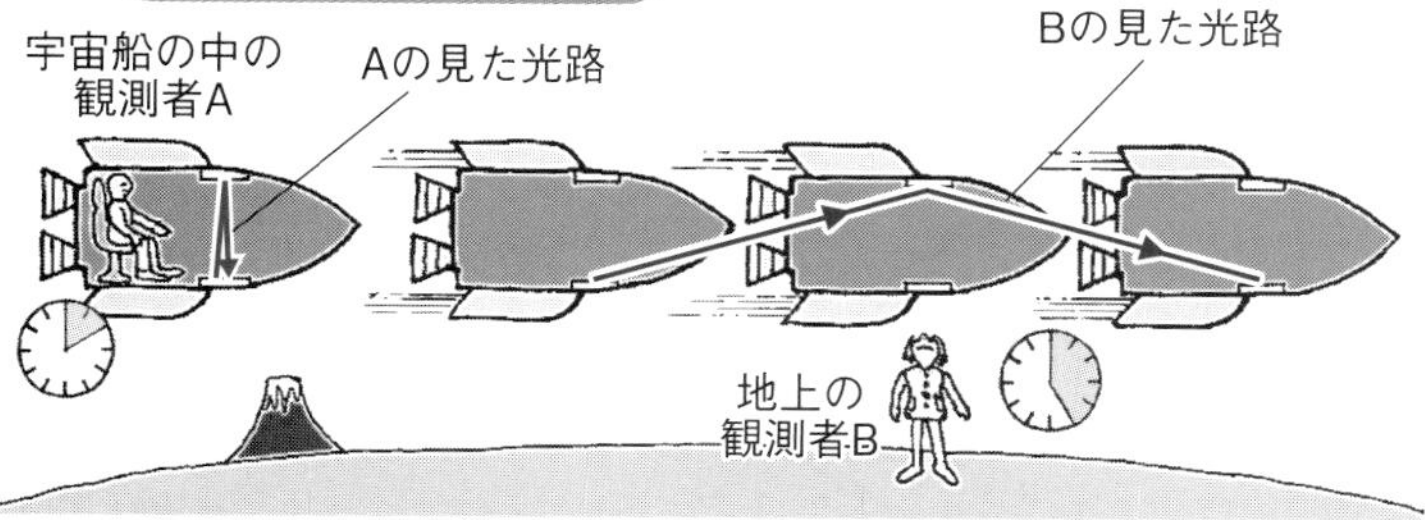

⬆相対性理論の予言する時間の遅れ。ある座標系で静止している観測者Bからすると、相対的に高速で飛行するロケット内の観測者Aの時間はゆっくり流れる。逆にロケット側の観測者Aを基準にすると相対的に高速で移動する観測者Bの時間も遅れて進む。 参考／Encyclopedia Britannica

図7 長さが縮む

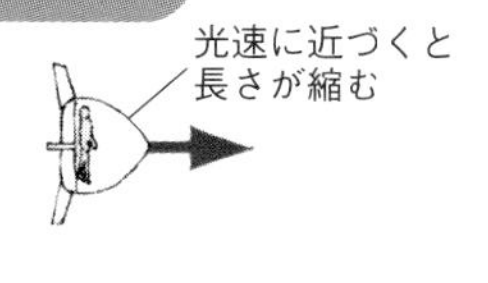

アルファ・
ケンタウリ

地球上の観測者から見た距離

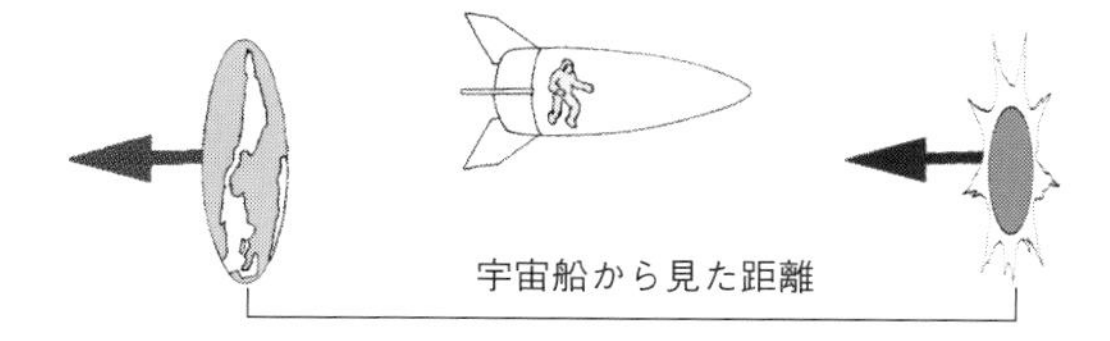

⬅特殊相対性理論のいまひとつの予言は長さが収縮するというもの。物体の厳密な長さとはある座標系でそれが静止しているときと定義される。物体が運動しているときには進行方向の長さは収縮し、速く運動するほどいっそう収縮する。もし光速で運動したとすれば（理論的に不可能だが）長さが消えたように見える。

2 “特殊”の上に築かれた一般相対性理論(重力理論)

彼が特殊相対性理論の10年後に公表した「一般相対性理論」は“アインシュタインの重力理論”とも呼ばれる。というのも、この理論は重力をまったく新しい見方で解釈し、重力が時空構造に与える影響についての前代未聞の理解をもたらすことになったからだ。

アインシュタインは特殊相対性理論を発表してまもなく、一般相対性理論の構築にとりかかっていた。つまり特殊相対論で完成させていた時間の遅れや長さの収縮、それに前記の方程式“$E=mc^2$”が出発点となった。そして「慣性質量」と「重力質量」は同じという前提を追加した(**下コラム**)。

ここで言う重力質量とはいわば物体を持ち上げるときの重さであり、他方慣性質量とは物体を動かすときに要する力と同義である。質量が大きいほどそれを動かすには大きな力が必要になる。

彼は特殊相対論を発表した後、もっと統合的な重力理論を築かねばならないと考えていた。最大の理由は、ニュートンの万有引力理論の欠陥を埋める必要があったからだ。ニュートンの理論では時空はユークリッド幾何学的な直線的で変化のない存在とされていたが、ある種の重力現象を説明することができなかった(8ページ記事参照)。

わかりやすい事例で言うと、ニュートンの理論ではたとえば水星の近日点移動(**注2**)を説明できず、その理由もわからなかった。アインシュタインはここに“時空の曲率”という概念を持ち込んだ。

なぜ彼は時空が曲がると考えたのか? 前記のように重力質量と慣性質量が同じなら、加速度と重力もまた同等である。そして特殊相対性理論が予言するように、時空が速度によって均一に伸縮するなら、そこに加速度があれば時空は不均一に伸縮する。とすれば同じことは重力によっても起こるはずである——こうして、質量のある物体の周囲の時空は歪むことになった。

アインシュタインの「重力方程式」登場す

時空の曲率とは日常あまり聞かない言葉なので、身近な例で考えてみる。ここにトランポリンのような大きなゴム製シートがあり、これを空間と考える。そのうえでまずシートの上に重いボールを置くと、シートのその部分はへこんでくぼみができる。そこでこのくぼみを、宇宙の星や惑星のような巨大質量の物体の周囲に生じる空間の歪みと考えてみる(**図11**)。一般相対論は宇宙の時空についてこれによく似たことを述べており、それがすなわち時空の曲率である。

たとえば地球のような巨大質量の物体——太陽と比べれば豆

コラム 等価原理

エレベーターが降りはじめると体が一瞬浮くように感じる。体にはたらく重力がエレベーターの加速度によって打ち消されるためだ。とすると重力と加速度は同じものではないか——これが一般相対性理論の重要な前提「等価原理」となった。

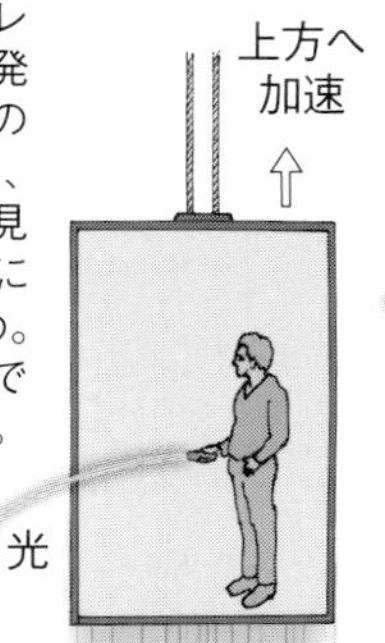

図8 ➡加速するエレベーターの中で光を発すると自身が見る光の軌道は直線だが(右)、外部からは湾曲して見える(左)。これは加速によって時空が歪むため。等価原理により重力でも同様に時空が歪む。

図9 ⬆宇宙ステーションの無重力状態は、ステーションが地球に向かって“たえず落下している”ためともいえる。 写真/NASA Johnson Space Center

コラム　アインシュタインの重力方程式

一般相対性理論は時空と重力の見方を大きく変革した。この理論の中心である「重力方程式」は宇宙のエネルギー（物質を含む）が時空をどう変化させるかを数式化したもの。式の右辺はエネルギーの分布を、左辺は時空の曲がり具合を示し、一般相対性理論ではその湾曲をすなわち重力と解釈する。

ちなみに白抜き文字（Λ：ラムダ）は宇宙が自らの重力によってつぶれないようにするためアインシュタインが仮に入れ込んだ“斥力（せきりょく）（反発力）”で「宇宙項（宇宙定数）」と呼ばれる。後に彼はこれをひどく後悔した（近年復活の兆しもある。52ページ記事参照）。

図10

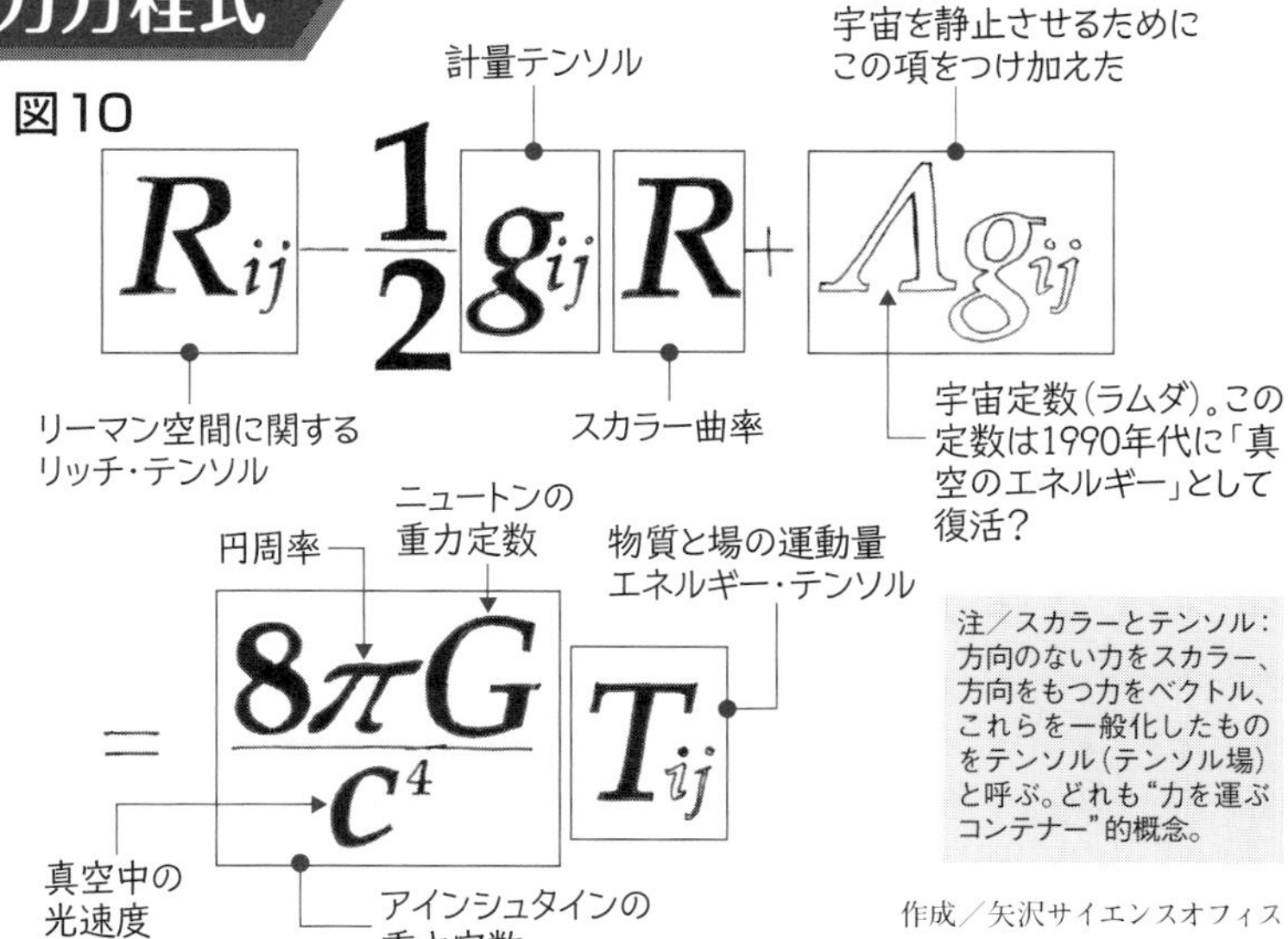

$$R_{ij} - \frac{1}{2} g_{ij} R + \Lambda g_{ij} = \frac{8\pi G}{c^4} T_{ij}$$

注／スカラーとテンソル：方向のない力をスカラー、方向をもつ力をベクトル、これらを一般化したものをテンソル（テンソル場）と呼ぶ。どれも“力を運ぶコンテナー”的概念。

作成／矢沢サイエンスオフィス

図11 ←ゴム製シート上に重い球を置いたときのように、地球の周囲の時空はその重力によって歪んでいる。作図／矢沢サイエンスオフィス　写真／ESA/NASA

粒のようだが——の近くを人工衛星が飛んだり光が通過したりすると、地球の周囲の時空は曲がっているので、人工衛星や光はその曲がった時空に沿って進むことになる。さきほどのトランポリンのシートにビー玉を投げ込むと、ビー玉は重いボールがつくっているくぼみの周囲を転がって進む。ビー玉が曲がったコースを進むのはすなわちその時空が曲がっているからだ——けっこうよい比喩ではある。

このような重力の見方は、アインシュタインがニュートンの万有引力から出発したにもかかわらず、ニュートンの理論とはまるで似ていない。ニュートンの理論では、物質（質量）は他の物質とたがいに引きつけあう力（引力）をもち、その力の伝達がすなわち重力の正体というものだった。

アインシュタインの理論は「物質の分布が決まれば時空の歪みの大きさが決定される」という。そしてこれを表すために彼は「アインシュタイン方程式（重力方程式、重力場方程式とも）」と呼ばれる方程式を導き出した（**図10**）。これは一般相対論の主役的な方程式でもある。

この理論によって何が可能になったか？　代表的な事例は、

注2➤近日点移動　太陽をめぐる惑星の公転軌道は完全な円ではなく楕円を描いている。その軌道上で太陽にもっとも近づく位置を近日点と呼ぶ。近日点はつねに同じ場所ではなくわずかずつずれていく。これを近日点移動と呼ぶ。ニュートン力学では水星の近日点移動は観測に比べて小さいが、一般相対論では一致する。

万有引力の法則では理解不能なブラックホールのような超巨大質量の天体や宇宙全体の時空構造を表せるようになったことだ。また時空の歪みが波となって光速で宇宙空間を伝わる「重力波」（**図12、13**）の存在も予言できた。さらに、宇宙が膨張しているという壮大極まる人間の宇宙観をも引き出すことになった。

　アインシュタインは自らの重力場方程式の研究途上、新たな発見があるたびにベルリンにおける講演で発表した。そしてそれが完成したとき、「重力の場の方程式」など一連のドイツ語論文にまとめて出版した。それらには一般相対性理論の全体像が描き出されていた。それは当初、その内容をわかる人はほとんどいないとか世界に3人しかいないとか言われたほど難解なものとして受け取られた。

　しかしその後、特殊相対性理論と一般相対性理論は、現代物理学の根幹をなすものとして物理学の世界で認められるようになった。いまではそれは天文学の骨格をなし、われわれの宇宙観はすべてその上に築かれるに至っている。

図12 ⬆岐阜県・神岡鉱山の地下深くに設置された重力波望遠鏡KAGRA（カグラ）。重力波が通過する際の時空のごく微小な伸縮のキャッチを目指す。　画像提供／東京大学宇宙線研究所重力波観測研究施設

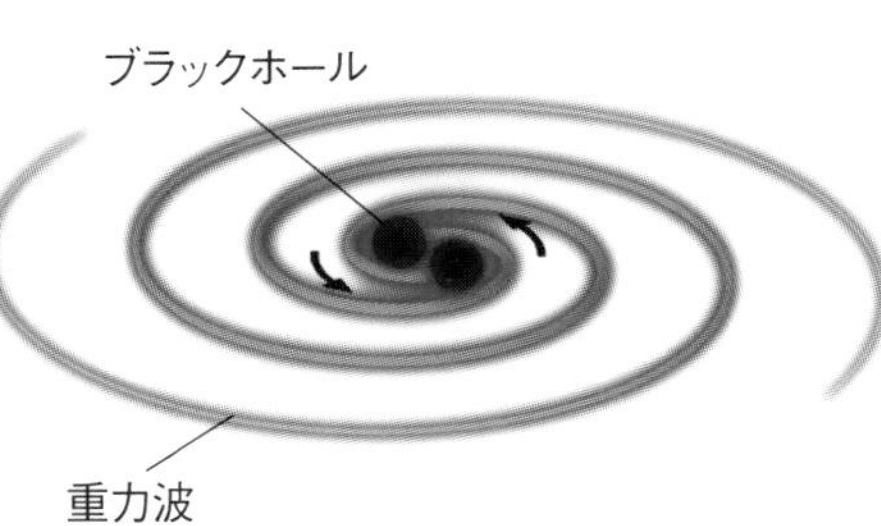

図13 ⬅ブラックホールのような小さくかつ巨大質量の物体が衝突すると、時空の歪みが瞬間的に大きく変化するため時空が波立ち、重力波として広がっていく。　作図／細江道義

相対性理論が逃れられない困難な課題

　とはいえ、一般相対性理論は万能の物理学というわけではない。ある種の状況にあってはこの理論も崩壊する、ないしは修正を迫られる可能性がある。

　すぐに思いつくのは「量子重力」（51ページ注1参照）に関してである。相対論は誕生の経過を考えれば古典物理学寄りであるため、量子力学（22ページ記事参照）の法則性を取り込むことができない。宇宙であり得る最小の大きさ、つまり〝プランク長さ〟（**注3**）に近いほど小さな空間では、相対論が扱うよりもいまだ未完成の「量子重力」が優越すると見られている。またそれが故に他の3つの「基本的な力」と重力の統一も困難である（64ページ参照）。

　「特異点」（**注4**）の問題も残されている。一般相対論はブラックホールの中心のような極限的条件では時空の歪みが無限大になる特異点が出現すると予言するが、そこでは一般相対論は崩壊してしまう。こうした極限領域では相対論による時空の理解に限界があることを示している。

　まだある。本書の他のトピックで扱っている宇宙のエネルギーの大半を占める（らしい）暗黒物質や暗黒エネルギーの正体を説明できない（52ページ記事参照）。これも、相対論による重力の在りようの修正ないし拡大を求めずにはおかない。

　さらにビッグバン宇宙論で説明される宇宙誕生直後の時空のふるまい（56ページ記事参照）など、いまだこの理論の手の届かない世界は少なくない。相対性理論は進化しなくてはならない。●

注3➤プランク長さ　宇宙における理論的に意味のある最小の長さ（約1.616×10のマイナス35乗m）で、基本的な物理定数から導かれる。この大きさでは従来の物理学は崩壊し「量子重力効果」が優越する。

注4➤特異点　ビッグバンによって誕生する前の宇宙はエネルギーが無限大で、物理法則では扱うことのできない“特異な点”（＝特異点）であったとされている。ブラックホールも同じ意味で特異点である。

コラム 量子の波動方程式（シュレーディンガー方程式）

シュレーディンガーはルイ・ド・ブロイの「物質波」に触発され、ミクロの粒子の波としてのふるまいを方程式として示そうとした。そこで彼は量子の性質についての関係式を古典的な波動方程式に代入して、シュレーディンガー方程式を導いた。

こうして1926年に誕生したシュレーディンガー方程式は、1世紀後のいまも量子力学の中心的存在の地位を占めている。

$$H\Psi = i\hbar\frac{\partial\Psi}{\partial t}$$

ハミルトニアン（系のエネルギー）

ℏ（hバー）：換算プランク定数＝$\frac{h}{2\pi}$

デル プサイ

プサイ：波動関数

虚数

波動関数を時間tで偏微分する

図5⬆波動方程式は、粒子のふるまいの時間的変化を示す「波動関数Ψ（プサイ）」を求める。

表1 奇妙な量子力学

①量子

量子とは電子や陽子などのミクロな存在。ここでいうミクロとはおおむね原子より小さいものを指す。光子やグルーオンのような力を媒介する粒子も量子に含まれる。

②粒子と波動の二重性・物質波

量子は波（波動）と粒子という２つの性質を同時にもつ（粒子と波動の二重性）。ルイ・ド・ブロイは光のような波が粒子としての性質をもつなら、電子などの粒子も波として観測されると推測し、これを「物質波」と呼んだ。

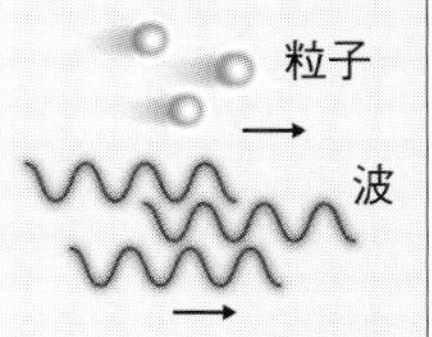

③相補性

量子は波か粒子のどちらかでしか観測できない。しかし量子の状態を表現するには両方の性質が必要。ボーアは量子のこうした特質を「相補性」と呼んだ。不確定性原理もまた量子の相補性の現れとされる。

④不確定性原理

ドイツのヴェルナー・ハイゼンベルクが示した量子の性質で、ミクロの粒子の位置と運動について同時に正確な測定を行うのは原理的に不可能というもの。ハイゼンベルクは観測行為が粒子の状態を乱すため、どちらかの正確性が失われるとした。現在では不確定性は量子が本来もつ“ゆらぎ”によるとする見方が有力。

⑤確率解釈と“重ね合わせ”

「粒子の存在確率は波動関数の絶対値の２乗で示される」という見方を「確率解釈」と呼ぶ。それによれば観測前の量子は波動関数がとり得るさまざまな状態の“重ね合わせ”となっており、観測の瞬間に波束が収縮して状態がひとつに決定するという。

⑥コペンハーゲン解釈

ミクロの粒子の状態は観測行為や観測方法によって決定するという量子力学特有の見方（相補性や確率解釈など）。この理論はボーアを中心に展開されたため、彼の拠点であったコペンハーゲンのボーア研究所（右写真）にちなんでこう呼ばれる。

写真／Thue/Ceative Commons

⑦排他原理

同じ系内（**注3**）の電子どうしの量子状態（エネルギーやスピンなど）が完全に一致することはないという法則。スイスのヴォルフガンク・パウリが発見したので「パウリの排他原理」と呼ぶ。電子などのフェルミ粒子（フェルミオン）はこの原理に従う。他方ボース粒子（ボソン）は何個でも同じ状態をとることができる（78ページ）。

⑧局所性・量子もつれ・量子テレポーテーション

自然界では情報や力や物質は隣りあう空間に伝わるとされる（近接作用）。物質はその場所以外には存在しない（＝局所的）ため。しかし強く関係しあう量子（“もつれ”ている量子）では、一方の量子の情報が空間をとび越えて他方の量子に瞬時に伝わる（量子テレポーテーション）。こうした非局所現象はさまざまな実験で証明されている。

適当であることを示している」と反撃した。

もっともボーアは、こうした理解しがたい現象は「物理的性質の同時測定が原理的に不可能なため」であり、現実世界でパラドックスが生じているとは見ていなかった節がある。彼もまた、因果律に立った古典物理学から完全には離れられなかったのかもしれない。

では、量子力学が示すこうした予測を、実在を重んじる物理学者はどう考えたのか？　ひとつの解釈は〝隠れた変数〟というものだった。量子力学で因果律が成立しないのは見かけ上にすぎず、実際には人間が見逃している物理量、つまり隠れた変数が存在するというのだ。

1960年代、北アイルラン

注3➤系　観測や理論の対象とするひとまとまりのもの。システムとも。

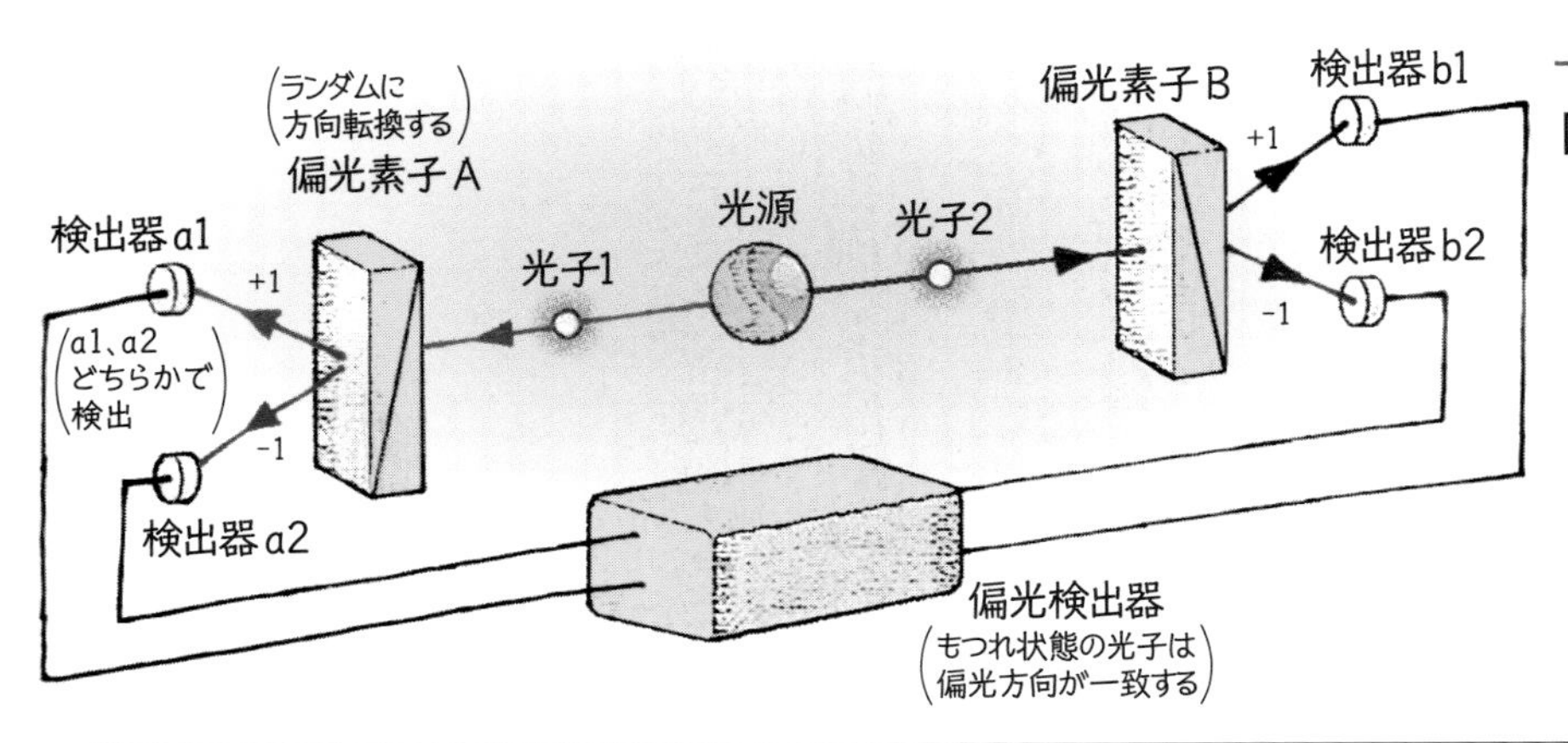

図6 量子もつれの実験

⬅ベルの不等式の破れを見いだした実験。中央から2個の"もつれた光子"を連続的に放出し、両側の2台の検出器でそれぞれをとらえる。光子の飛行中に検出器の向きをランダムに変え、2個の光子の"もつれ度"を調べた。結果、ベルの不等式は破れ、量子力学の予測が裏付けられた。

資料／APS/Alan Stonebraker

ド出身のジョン・スチュアート・ベルは、仮にそのような変数が存在する場合に必要な条件を考えた。それが「ベルの不等式」である。これは、EPRのような実験を行ったとき、仮に隠れた変数が潜んでいても、2個の粒子の相関（いわば"もつれ度"）を示す値には上限が存在するというものだ。ちなみにこの不等式は、どんな物質や情報も光速を超えて移動できないとする相対性理論を前提にしている。

古典物理学ではベルの不等式が成立するのに対し、量子力学にもとづく計算結果はこの不等式を破ってしまう。つまり量子力学を検証するにはベルの不等式が破れることを実験的に確認しなくてはならない。しかしそれにはきわめて精密かつ高速の検出器の操作が必要になるため、実現はほぼ不可能と見られた。

だがつい先年（2022年10月）、ノーベル財団が、アラン・アスペ、ジョン・クラウザー、アントン・ツァイリンガーの3人にノーベル物理学賞を贈ると発表した。その功績は「もつれた光子についての実験によりベルの不等式の破れを確認し、量子情報科学を開拓」というものだった。

彼らはそれぞれ独自に、量子力学の奇妙な予言、つまり量子もつれが実在することを実験的に証明した。EPR論文から90年近く経って、ボーアとアインシュタインの論争がひとつの終着点を迎えたようなのだ。

アスペやクラウザーは光子を利用してベルの不等式が実際に破れていることを確認した（**図6**）。これは、2個のもつれた光子がばらばらになっても、1個の光子の情報が瞬時に他方に伝わったことを示唆する。

さらにツァイリンガーは、実際にもつれた光子で起こる現象をも示した（**図7**）。もつれた光子のうち片方のみにネコの画像を通過させたところ、画像を通っていない光子のグループもネコのシルエットを描き出したのである。こうした奇妙な現象はときに「量子テレポーテーション」と呼ばれる。情報が離れた場所に一瞬で現れるためだ。

量子もつれは現在では、量子暗号通信や量子コンピューター、量子シミュレーション、量子計測などの技術に利用されている。だが量子もつれの実態はいったい何か？

それはまだ明らかではない。ひとつの見方は、量子は1点に限定された局所的な存在ではなく、「量子場」という"非局所的な場"が見せる一種のさざ波だというものだ。

かつてアインシュタインとボーアが掘り下げた議論は、現代に新たな技術をもたらした。彼らの議論はさらに、物事の実在性や宇宙のあり方を問うことの本質を垣間見せるものでもあった。●

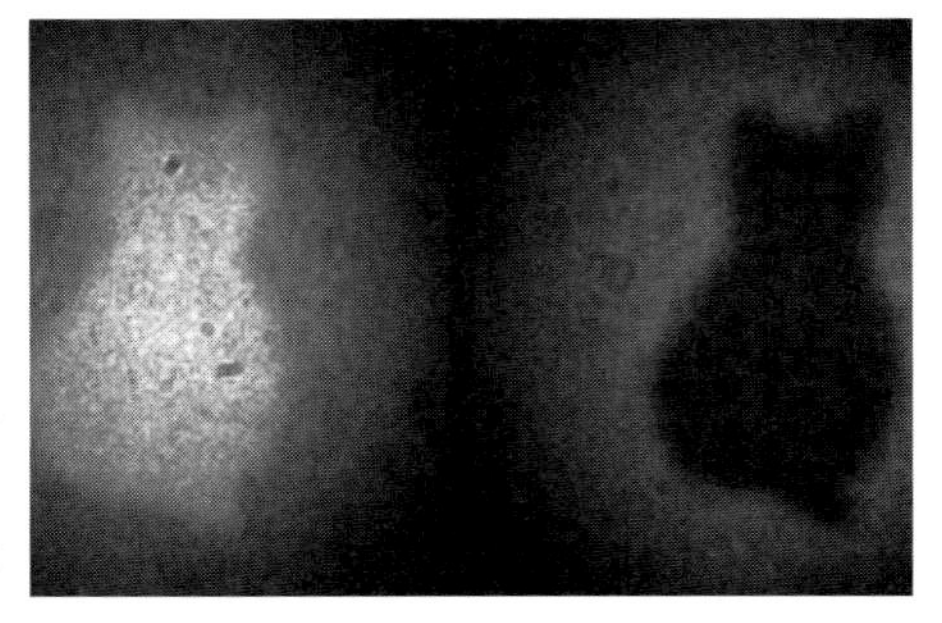

図7 ➡2個のもつれた光子の実験。片方の光子のみにネコの映像を通過させたが、他方の光子もネコのシルエットを描いた。

資料／Patricia Enigl, IQOQI

量子コンピューターの現実味

図1 ➡いま各国で量子コンピューターの開発競争が激化している。
写真／ Lawrence Berkeley National Lab.

過去数十年、コンピューターはめざましい進化を遂げてきた。コンピューターゲームを見ても1990年代はブロックで組み立てた画像がカクカクと動くだけだったが、現在の立体的なCG（コンピューターグラフィックス）は大スクリーンの映画にも見劣りしない。

このような映像技術の実現は、コンピューターの心臓部であるCPU（Central Processing Unit）が小型化と高密度化を重ねてきた結果である。だが装置の精密化が進めばいずれは大きさの限界に達する。さらに、構造が微細になれば装置内部に量子論的効果が現れる。たとえば“量子的ゆらぎ”によって電流がもれ出て誤作動する。

だがその量子効果を逆手にとって利用する動きが現れた。最たるものが「量子コンピューター」だ。その概念は1980年代にさかのぼり、アメリカの物理学者ポール・ベニオフやリチャード・ファインマンが、コンピューターの論理構造を量子論的に表現できることを示したのだ。

古典的コンピューターと量子コンピューター

現在の“古典的コンピューター”は「0」と「1」の2進法を利用し、その1桁分を1ビットと呼ぶ。0と1は機械的表現が容易で、スイッチのオンとオフと同じ——つまりデジタル表現である。コンピューターは0と1でどんな複雑な計算もやってのける。だが2つの数字だけで表現するので処理や保存に膨大な桁数を要する。データ保存用のHD（ハードディスク）やUSBメモリはいまやテラバイト（1テラバイト＝8兆ビット）のレベルに達している。

図2 ⬅量子コンピューターの原理を考案したドイッチュ。量子論的パラレルワールドへの関心からこの研究を始めたという。
写真／ Simon Benjamin

ここで登場するのが量子論である。1個の量子は複数の状態を同時にもつことができる（重ね合わせ）。しかも粒子のスピンのように上と下という2つの値しかもたない性質もある。そこで1個の量子が同時に2つの値を示せるようにすれば、これまでよりはるかに多くの情報をいちどに扱える——これが量子コンピューターの考え方だ。

古典的なコンピューターでは8ビットで256の数字をつくれるが、いちどに示せる数字は1個だけ。だが量子コンピューターは量子8ビットあれば256個すべての数字を“同時に”示せる。さらに“量子もつれ”（22ページ記事参照）を利用すれば数字のコピーもできる。量子のビットは古典的ビットとは性質が違うので“キュビット”と呼ばれる。

量子コンピューターが真価を発揮するのは、複数の目的地をたどるときの最適な経路を求める問題や、巨大な数の素因数分解（数を素数のかけ算に分解する）、さまざまなシミュレーションなどだ。たとえば素因数分解なら、必要な桁数のキュビット列を用意すればそこに解法の鍵となる数字の候補をすべて集約できる。そのうえで求める候補を探す量子論的操作を行って正解を導く。現在すでに試験運用され、オンライン上に公開されている量子コンピューターもある。

だが、量子コンピューターは現在のコンピューターのように多様な用途に合わせた汎用性をもち得るのか？　イギリスのデヴィッド・ドイッチュ（**図2**）はそれを実現する理論とアルゴリズム（操作手順）を考案したという。しかしミクロの領域で個々の量子（たとえば光子）を扱うのは技術的に難しく、ノイズの制御も容易ではない。実際に古典的コンピューターを凌駕（りょうが）する量子コンピューターが出現するか否かは未知数である。●

電場と磁場を〝統一〟した男

技術文明の礎石となった物理学

鍛冶屋の息子と数学論文を書いた14歳

本書の処々方々に出てくるように、自然界は、つまり宇宙は〝4つの力〟に支配されている。4つの力（4つの相互作用）とは、電磁気力、弱い力、強い力、それに重力である。

ここで注目する「電磁気力」は、文字どおり電気力と磁気力（磁力）の2つからなる合成語である。というのも、これらはいずれも同じ自然現象から生じるからだ。電気力とは電気を帯びた粒子（荷電粒子）どうしの間で生じる力であり、他方の磁気力は、磁石のN極とS極が引きつけあったり反発しあったりする力のことだ。そして、電磁気力の作用を研究する物理学が電磁気学である（30ページ**電磁気学年表**）。

これら2つの力を（理論的に）ひとつの力に統合したのは、イギリスのマイケル・ファラデー（**図1左**）と彼の研究を引き継いだジェームズ・クラーク・マクスウェル（**図1右**）という対照的な生い立ちの2人であった。

貧しい鍛冶屋の息子として生まれたファラデーは13歳で製本業者の使い走りとなり、科学研究もはじめは趣味でしかなかった。他方のマクスウェルは14歳で数学論文を書き、生涯の大半を大学で過ごした生来の学者であった。

ファラデーが発明した電動モーターと発電機

19世紀初頭まで電気と磁気は別々の存在と見られていた。両者の深い関係をはじめて見いだしたのはデンマークのハンス・クリスチャン・エルステッド。彼が電気を流した電線のそばに方位磁石を置いたところ、北を向いていた磁石の針が動いて電流の流れの方向と直角をなすように向きを変えた（**図5**）。つまり電気の流れが磁気を生み出したらしい。エルステッドは「さまざまな力はひとつの力に統一されるべきだ」とする信念のもとにこの実験を行っていた。

エルステッドの実験を知った当時の多くの科学者は、即座に電気と磁気に関する実験を始めた。ファラデーもまたエルステッドに触発されたひとりであった。彼は1821年、電流が生み出す磁気の力（磁力）で金属の物体を回転させる実験に成功した。つまり電気を動力源とする電動モーターを発明したのだ（**図4**）。

その10年後にはさらに、電流が磁力を生み出すなら、逆に磁力によって電力を生み出すこと（起電）ができるはずだと考え、実際に磁界を変化させて電流を発生させた（**図3左**）。「電磁誘導」と呼ばれる現象である。そ

図1 ⬆電磁気学の礎を築いた2人。科学を独学したファラデー（左。1791～1867年）の理論をマクスウェル（右。1831～79年）が数学的形式で明快に示した。

写真右／AIP／矢沢サイエンスオフィス

コラム ファラデーの生涯と研究

製本業者で働いていた少年ファラデーは仕事場で多くの本を読んで科学に興味をもち、ボルタ電池作成などの実験を行った。

21歳頃、目を負傷した化学者ハンフリー・デイヴィの助手となり、ベンゼンの発見など多様な業績を残した。後年のクリスマス講演をまとめた『ロウソクの科学』は科学書の古典となった。

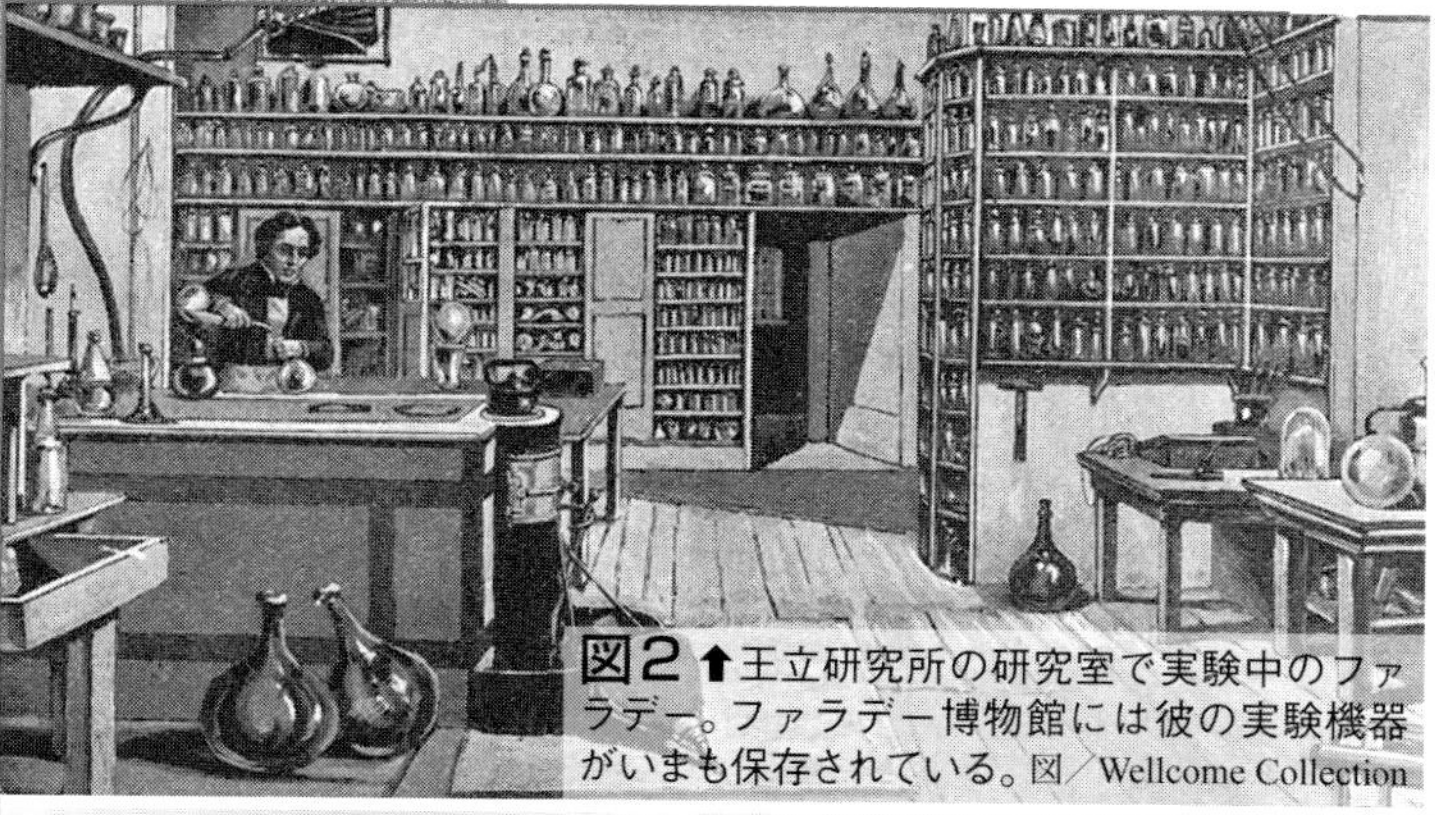

図2 ⬆王立研究所の研究室で実験中のファラデー。ファラデー博物館には彼の実験機器がいまも保存されている。図／Wellcome Collection

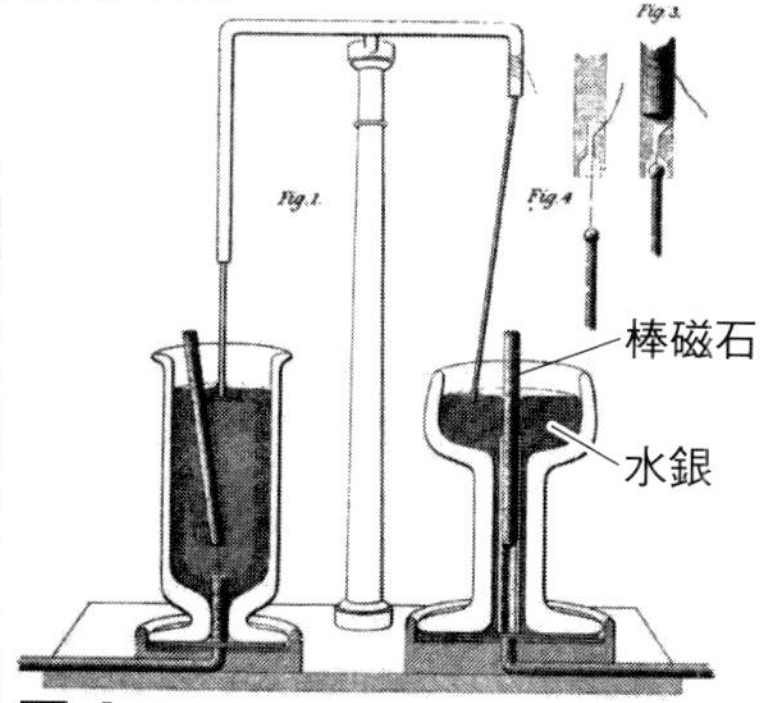

図4 ⬆ファラデーのモーター（断面図）。針金を流れる電流が生み出す磁力と棒磁石が作用し、針金が回転する。
図／M. Faraday (1844)

図3 ⬆ファラデーはさまざまな実験装置を自作した。左は電磁誘導実験用のコイル、右は発電装置に用いた棒磁石。
写真／AIP Niels Bohr Library／矢沢サイエンスオフィス

してこの実験をベースに世界初の「交流発電」を実現した（**図3右**）。

だが物理学における彼の最大の業績は、電気や磁気に「場」があると考えたことだ。彼のこの概念があったからこそ、後に電気と磁気はひとつの力として〝統一〟されることになるのである。

空間を交差する磁力線とは何？

いま触れた「場（field）」の概念は、現代の物理学では頻繁に顔を出す。だが目に見えるものではないのでわかりづらい。オックスフォード物理学辞典の「電場」の項目は「電荷が他の電荷の分布によって力を受ける領域」と書いている。また『科学史技術史事典』（弘文堂）の「場の理論」には「ニュートン力学で遠隔作用的に考えられていた「力」という概念に対し、近接作用的立場からこの「力」を置き換えるべく提案されたのが「場」という概念」とある。とうてい簡潔明瞭とは言いがたい。

単純に言うなら、場とは「何物も介在させることなく力や作用が伝わる空間」である。いまでは宇宙論や素粒子物理学、相対性理論など多くの分野で、場は中心的役割を担っている。

ファラデーはその意味で、場という言葉を用いた最初の物理学者（当時は自然哲学者）となった。彼はさまざまな実験を重ねるうちに、磁気や電気は空間内に「力線」を生み出すと確信した。力線とは、電場や磁場の強さと向きを示す仮想的な線である。

たとえば磁場の力線（磁力線）は磁石のまわりに砂鉄をまくと描かれる模様として現れ（次ページ**図7**）、磁力はその磁力線に沿って作用する。そして空間内にはこうした力線がさまざまに交差している――ファラデーは

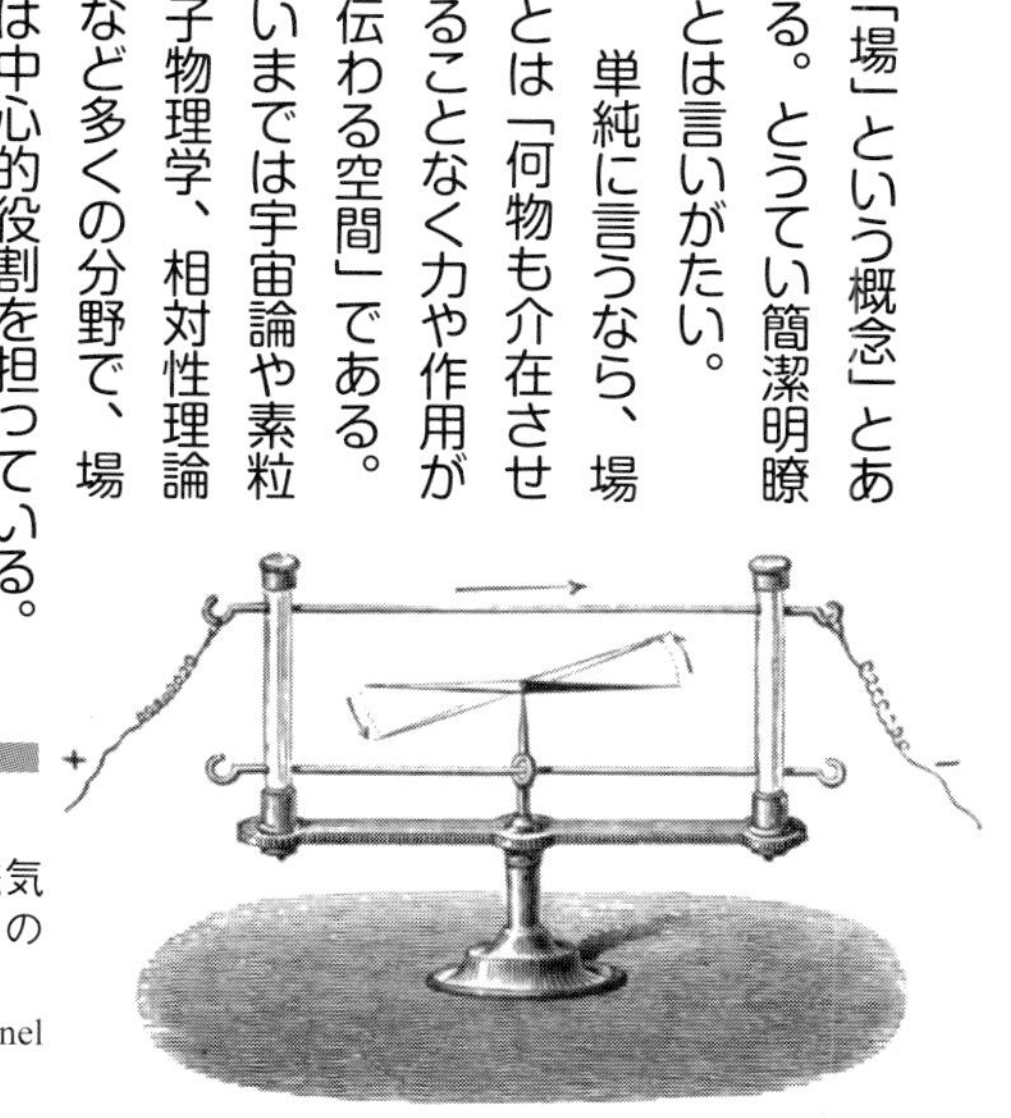

図5 ➡エルステッドの電気と磁気の実験。導線に電流を通すと、枠の中の方位磁石が向きを変えた。
資料／Agustin Privat-Deschanel

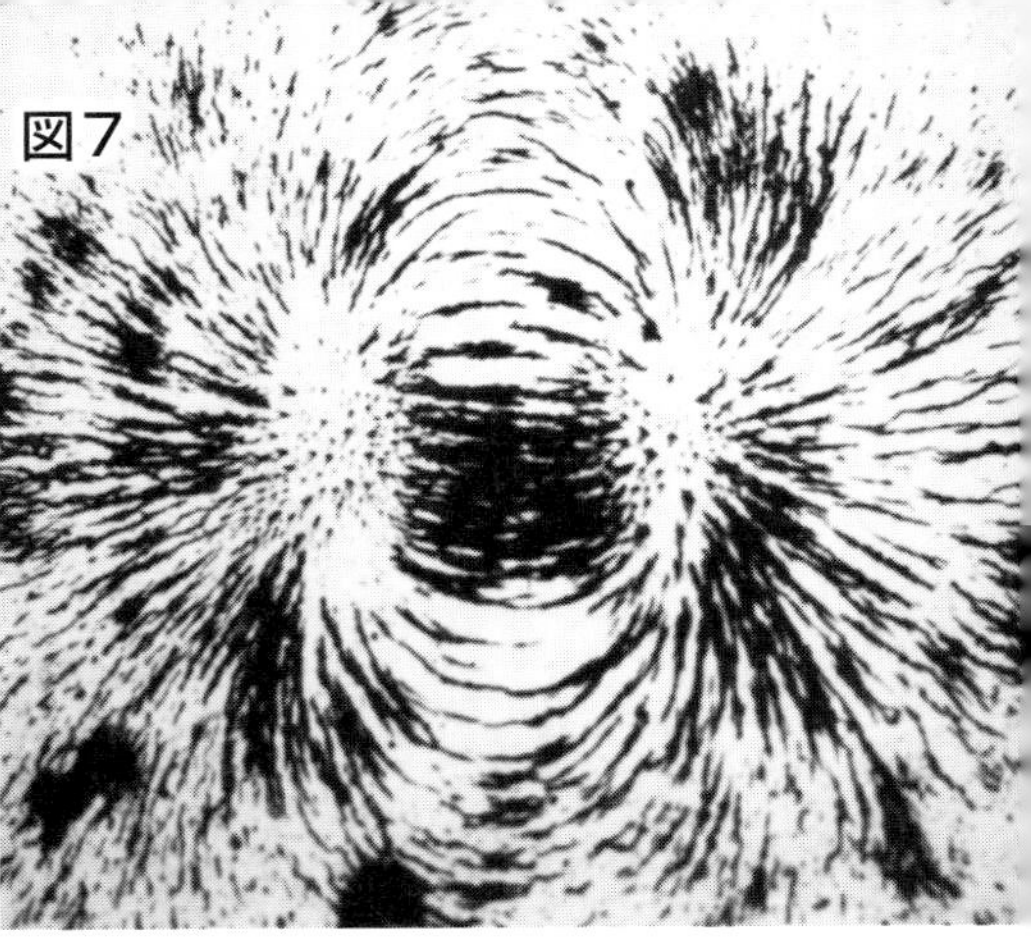

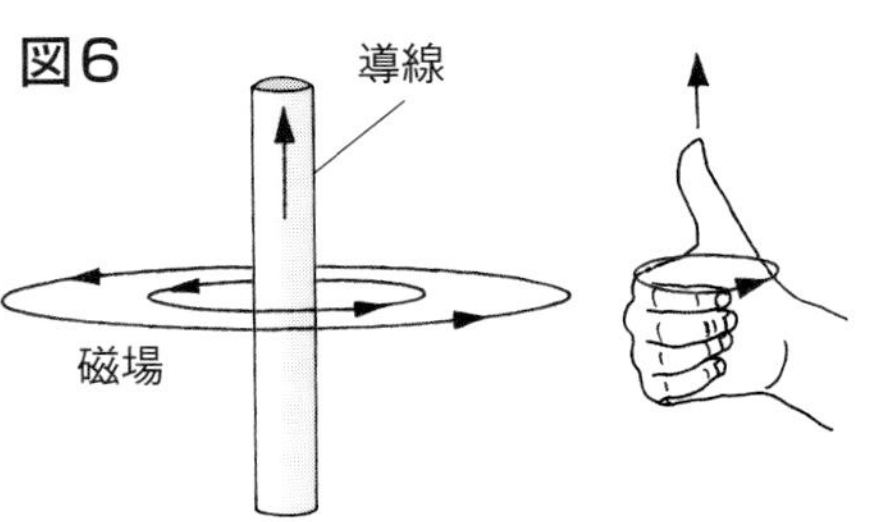

⬆➡上はアンペールの「右ネジの法則」。電流を通した導線の周囲には右回りの磁場が発生する。右は砂鉄で可視化した棒磁石のまわりの磁場。　写真／矢沢サイエンスオフィス

このような空間を場と呼んだ。

さらに彼は、電気と磁気は同じ法則に支配されていると考えた。電場が変化すればそこに磁場が生じ、また磁場が変化すれば電場が生まれる——両者は同期し、たがいに切り離せない。

とはいえ、数学の素養のない彼は、自身の考えを数学的公式として表すことができなかった。

当時の有名な科学者たちは彼の場や力線の概念を一笑した。重力は遠隔作用だとするニュートンの万有引力の見方を信奉していたためだ。もっともニュートン自身は万有引力が遠隔作用としてしか表現できないことに不満を抱いていたというが。実際、電荷や磁荷、つまり電気の量や磁気の量がもつ引力や斥力は、重力と同様「逆2乗の法則」(注1)に従っていた。

しかし周囲の批判には頓着せず、ファラデーは場の概念をさらに推し進めた。彼は磁場の中で磁力線が振動したときに生まれる波とは何かを考察し、それは光ではないかと推測した。これは、場がエネルギーを伝播する空間であるという現代物理の見方の萌芽でもあった。

イギリスの王立研究所のウェブサイト(注2)はファラデーが用いたさまざまな実験装置を紹介している。それらは彼が闇雲に実験をくり返したのではなく、仮説にもとづいて実験を工夫したことを示しているという。

ファラデーの仮説は当時は革新的すぎて受け入れる科学者は少なかった。そこに現れたのがマクスウェルであった。

こうして技術文明の礎石が築かれた

マクスウェルは1831年、ファラデーが発電の原理を見いだした年に生まれた。そしてファラデーの論文に刺激され、20代半ばで「ファラデーの力線について」と題する論文を書いた。それは電場と磁場のふるまい、それに両者の関係を単純な公式として表現したもので、ファラデーが断念していた場の数学的表現であった。

だが彼の式にも限界があった。それらは静止した電荷や一定の強さで流れる(定常的な)電流についての記述に限られていたのだ。マクスウェルは現実に沿った表現を探った。そして得られた成果を「物理的力線について」と題する論文にまとめて発

注1➤逆2乗の法則　引力や斥力の大きさは発生源からの距離の2乗に反比例するという法則。重力、光の明るさ、磁荷などは逆2乗の法則に従う(12ページコラムも参照)。

注2➤https://www.rigb.org/
(王立研究所のウェブサイト)

電磁気学年表

BC6世紀　タレース、琥珀の摩擦による静電気を発見(本人は磁力と考えた)

1752年　B.フランクリン(右)、凧の実験で雷を電気と証明

1773年　H.キャベンディッシュ、電荷の逆2乗則(クーロンの法則)を発見

1799年　A.ボルタ、電堆(右。電池の原型)を発明

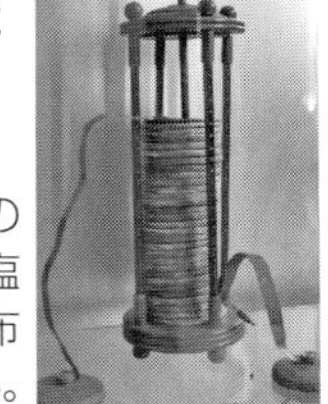

➡銅と亜鉛の円盤の間に塩水を浸した布を挟んでいる。

1820年　H.C.エルステッド(左)、電気と磁気の関係を見いだす

1820年　A.アンペール(右)、電気から磁気が発生することを示す

1821年　M.ファラデー、電動モーターを発明

1831年　M.ファラデー、「電磁誘導の法則」を発見、発電装置を発明

1861年　J.C.マクスウェル、電磁方程式を発表

1887年　H.ヘルツ、アンテナを利用して空間を伝播する電磁波を確認

写真・図／National Portrait Gallery／GuidoB／Dibner Collection

表した。

後に電磁気学の記念碑的存在となるこの論文は、ファラデーの法則のほか、それまでに知られていた電磁気学のおもな法則を数学的に表現していた。それは多数の微分方程式からなる複雑なものだったが、後に非常にシンプルな4つのベクトル方程式にまとめられた（**左コラム**）。

マクスウェルのこの公式は電気と磁気を統一的に扱い、さらに電磁場の振動（電磁波）の速度を定数として示した点で非常に重要であった。そこでは電磁波を次のように表現していた――電磁場が変化するとそれは波となって伝わる（**図8**）。この波すなわち電磁波はエネルギーを運搬する。そして真空中の電磁波の速度はつねに一定である――

マクスウェルの計算では、その速度はフランスのイッポリート・フィゾーが行った光速の測定結果に近いものであった（**注3**）。マクスウェルは「光は電磁波である」という結論に達した。彼の式はまた、電磁波が伝わるためには（当時信じられていた光が伝わるときの媒体である）エーテルは不要であることも示していた。

こうしてファラデーとマクスウェルが切り拓いた電磁気学は、現在の技術文明の土台をなすこととなった。さらに彼らが生み出した場の概念は、現在の理論物理学者たちによる〝力の統一〟という壮大なチャレンジの礎石ともなっている。少しさかのぼって思い返せば、アインシュタインの相対性理論は、「光速度一定」というマクスウェルの電磁方程式の上にはじめて成立したのであった。

アメリカの有名な物理学者リチャード・ファインマン（**注4**）はかつてこう述べた。

「長い人類史で見ると、遠い将来にはマクスウェルの電磁力学の法則の発見が19世紀の最重要な出来事と評価されることにほとんど疑いの余地はない」●

図8 ⬇電磁場の振動をわれわれは電磁波（光）として観測する。図のように電場が変化すると磁場も変化し、それがさらに電場を変動させて…

電場

磁場

伝播の方向

コラム マクスウェル電磁方程式

現代の科学技術文明の基礎をなすマクスウェルの電磁方程式。この4つの方程式は電気と磁気を統合し、空間でそれらがどうふるまい、時間的にどう変化するか、電磁波とは何かを明らかにしている。

方程式1 ガウスの法則

電荷のまわりに広がる電場を記述。

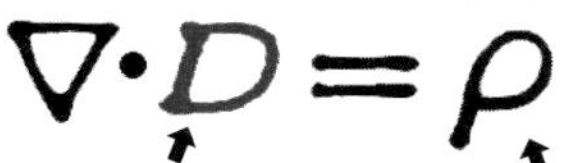

$$\nabla\cdot D = \rho$$

電束密度　ロー：電荷密度

方程式2 ガウスの磁場の法則

磁荷が生み出す磁場を記述。

$$\nabla\cdot B = 0$$

磁束密度

方程式3 ファラデーの法則（電磁誘導の法則）

変化する磁場が生み出す電場を記述。

$$\nabla\times E = -\frac{\partial B}{\partial t}$$

電場

方程式4 アンペール=マクスウェルの法則

変化する電場（または電流）が生み出す磁場を記述。

$$\nabla\times H = \frac{\partial D}{\partial t} + J$$

磁場　電流密度

青字：ベクトル

●式の記号の意味

∇（ナブラ）：座標の各軸についての単位ベクトルの微分演算子
∇とベクトルの間の「・」：ベクトルの内積
∇とベクトルの間の「×」：ベクトルの外積
∂（デル）：偏微分記号

注4➤21ページ参照。

注3➤1849年、イッポリート・フィゾーは光源と反射鏡の間（8km）を往復する光の速度を測定した。その値は秒速31万5400kmとかなり精確。実験では回転する歯車を用い、復路で歯車の歯が光線を遮るときの回転速度から光速を逆算。

原子核の世界を探る「核物理学」

すべては目に見えない原子から始まる

目に見えない世界の原子物理と核物理

核物理学？　あまり興味わかないな——と反応する読者が少なくないかもしれない。しかし多少中身をのぞいてみると、それは何やらパズルのようでもあり、現代人の基礎教養的な面白さのある世界だと気づくことになる。そして知れば知るほど奥が深いことにも。

核物理学と混同しやすい分野に「原子物理学」がある。これらはいわばミクロの物質におけるヒエラルキー（階層構造）の違いである。原子物理学は原子そのものに目を向けるが、他方ここでのトピックである核物理学はさらに分け入って、原子の中の「原子核」と、それが原子の中の他の要素とどう作用しあうかを問題にする。七面倒そうに聞こえるが、ミクロの世界ではけっこう大きな違いがある。

物理学の歴史はおおむね大きな物質や運動からしだいに小さな物質や運動へと進んできた。物理学者が原子というものの存在に気づいたのは18世紀、それも原子は単に目に見えない最小の物質という漠とした定義から始まった。しかしそれがあらゆる物質の性質やその変化（化学反応）の主役であることがわかると、科学者の関心はいっきに高まった。

他方、原子の中心をなしている原子核の存在が明らかになったのはずっと後の20世紀に入ってからである。アーネスト・ラザフォードという物理学者（左ページコラム）がさまざまな実験を通じて、原子の中心には何やら〝主役的なもの〟が存在するらしいことに気づいた。彼が原子にむけて微小な物質を打ち込むと原子の中心付近で跳ね返る——そこに何かがあるらしい、と彼は考えた。それが原子核（**図2**）との最初の出合いであった。彼が原子の中心にあるものを〝ニュークレウス（核）〟と呼んだのはまったく適切な命名であった。

ラザフォードはじつに多様な業績をあげ、後に〝核物理学の父〟と呼ばれるようになる。初期のノーベル賞（化学賞）も受賞したが、当然の成り行きではあった。

彼に始まった核物理学を一言で言うなら、それは（陽子と中性子からなる）原子核を主役とするさまざまな物理現象の研究である。そこには、この宇宙でエネルギーを生み出す基本的な反応である「核融合」と後述する「核分裂」、それに放射線や放射能という反応や現象も含まれる。

これらは単に自然界や宇宙の理解に不可欠であるだけでなく、現代社会の応用技術としても非常に身近な存在である。核物理学を知らなければ、原子力発電、核融合エネルギー、核兵器、核医学、放射性炭素年代測定、核磁気共鳴画像（MRI）、農工業用の放射性同位体、イオン注入材料などがわからない。

図1 ➡この世界この宇宙のすべての物質は、星も惑星も生物体も原子の集合体であり、さらに原子をつくっている原子核と電子へと還元される。 写真／NASA

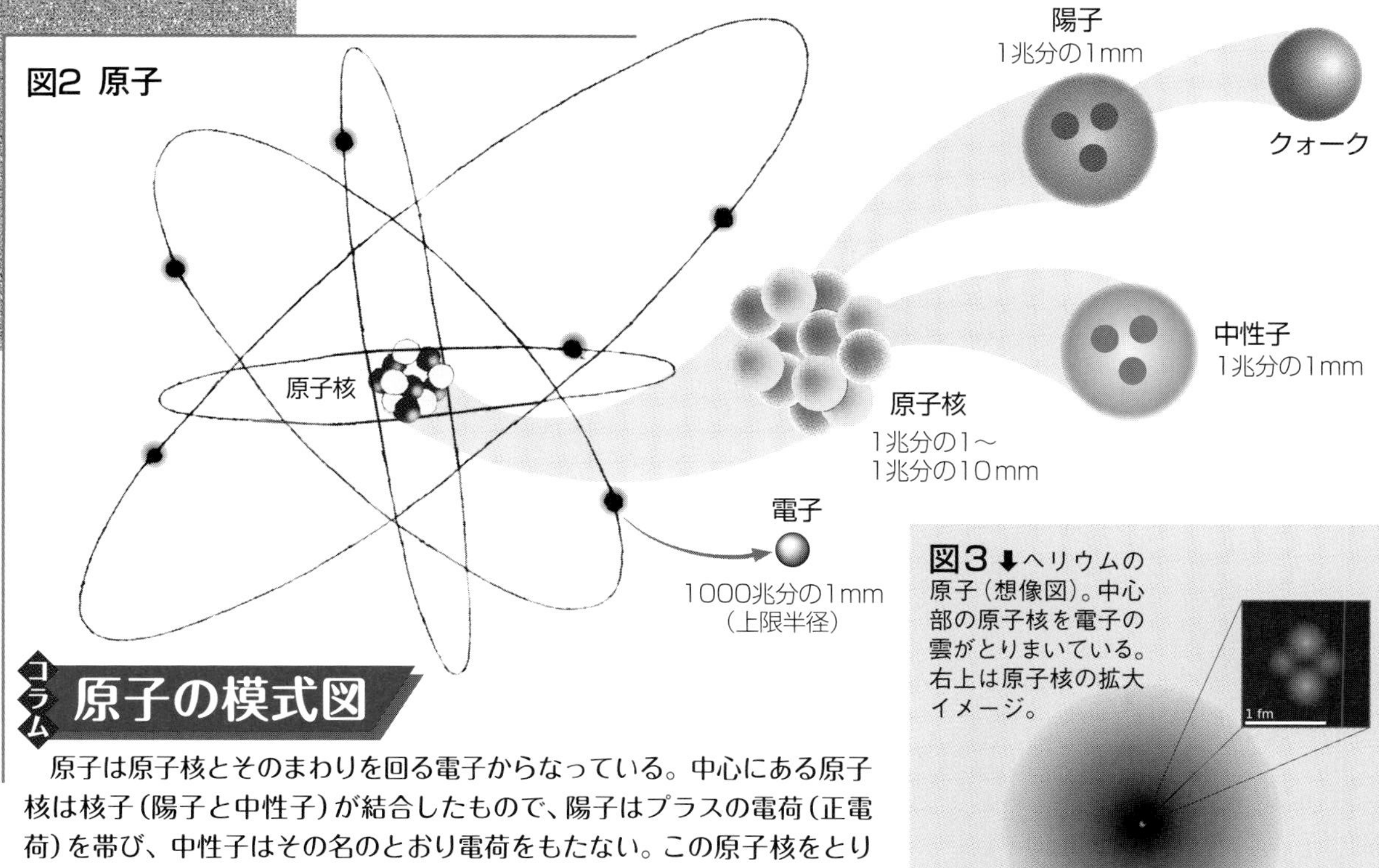

図3 ⬇ヘリウムの原子（想像図）。中心部の原子核を電子の雲がとりまいている。右上は原子核の拡大イメージ。

図／Yzmo

コラム 原子の模式図

原子は原子核とそのまわりを回る電子からなっている。中心にある原子核は核子（陽子と中性子）が結合したもので、陽子はプラスの電荷（正電荷）を帯び、中性子はその名のとおり電荷をもたない。この原子核をとりまく電子（マイナスの電荷をもつ）の数は陽子の数と同じで、そのため原子は電気的に中性となっている。

イラスト／矢沢サイエンスオフィス

ちなみに、本書の別項でとりあげている「素粒子物理学」と呼ばれるより理論的な分野はこの核物理学から生まれ、発展してきた。そのため、原子物理と核物理、それに素粒子物理という3つの分野はどれもたがいに深く入り組んでいる。読者がこうしたトピックに興味をもち、ある分野を知ろうとしたときには、他の2分野にも目を向けることですべてがはるかに理解しやすくなるはずである。

無限に大きな世界と無限に小さな世界をマタにかける

すでに見たように、核物理は、宇宙という無限に大きな世界と人間の目には見えないミクロな世界の両方について、われわれの理解を広げる極限の科学分野である。

人間の体や一本の草木はもちろん、地球や火星のような惑星から星々や銀河に至るまで、それらをつくっている物質をつきつめていくと、最後は原子に、さらには原子核にたどり着く——これが核物理の出発点である。

原子の中心にある原子核はプラスの電気（正電荷）を帯びている。これは原子核が、プラスの電気をもつ陽子と電気をもたない中性子という2種類の「核子」からできているからだ。そこでは陽子だけが電気を帯び、中性子はその名のとおり電気的に中性、つまりプラスでもマイナスでもない。結果、原子核の電気的性質は陽子のもつプラスだけとなる。

少し視野を引いて原子全体を

原子核の発見者 column

原子の中心に核となる粒子（原子核、核子）が存在することを予見したのはアーネスト・ラザフォード（下写真）。ニュージーランドに生まれイギリスで研究したラザフォードは自ら実験を行ってさまざまな歴史的発見を行い、“核物理学の父”と呼ばれる。真夏でもつねにスーツを身に着けた長身の彼は“英国紳士”の典型であった。

図4

写真／AIP／矢沢サイエンスオフィス

見ると、いま見たような構造の原子核のまわりを、マイナスの電気（負電荷）をもつ電子が、いわば雲をなすようにとり巻いている（前ページ**図3**）。

なぜ原子核と電子がこのような結合状態を保っているのか。それは容易に予想できるように、陽子のもつプラスの電気と電子のもつマイナスの電気の間にはたらく力（静電気力、クーロン力）が、両者を結合させているためだ。静電気力は、両者の電気的性質がプラスとマイナスなら引力として作用し、どちらか一方だけなら反発力（斥力）としてはたらく。電子がたえず運動しているため、電子と陽子はある程度の距離を保っている。

こうして見ると、原子核と電子は互角の力で結合しているように見えるが、実際には両者の質量は桁外れに異なっている。陽子1個の質量は電子1個のそれの1830倍もある。つまり電子の質量はあまりにも微々たるものなので、結果的に原子の質量はすなわち原子核の質量といってよいほどだ。

陽子と中性子をくっつける力 ――湯川秀樹理論？

そこで問題の原子核に目を向けると、まずそれをつくっている陽子と中性子はなぜぴたりとくっついているのかという疑問が生じる。それらをくっつけている力は「核力」と呼ばれるが、これは、自然界を支配する4つの力（4つの相互作用とも言う。電磁気力、強い力、弱い力、それに重力）のうちの「強い力」の別名でもある。強いとは重力と比べたときの話だ（64ページコラム参照）。

この核力は奇妙な性質をもっている。核子（陽子や中性子）どうしが離れているときにはたがいに何の影響力ももたないが、両者が非常に接近すると突然強力にはたらきはじめる。2つ以上の陽子をもつ原子核（ヘリウムより重い元素の原子核）の場合、プラスの電気をおびた陽子どうしは、電磁気力によってたがいにはねつけあう。ところが陽子や中性子が近づくとこの核力が突然姿を現し、電磁気力をはるかに超えて両者を引きつけ、結合させてしまう。

この核力（強い力）の正体はこれまで、湯川秀樹（**図5**）の「中間子理論」（**注1**）によって説明されてきた。それは素粒子の標準モデル（40ページ記事参照）と合致するともされている。だが標準モデルそのものが未完成ないし不完全なので最終回答にはならない。またいまだ実験（加速器実験）で確認されてもおらず、湯川が考えたよりも複雑なしくみがはたらいているという見方もある。これは21世紀の若い物理学者たちに残された課題のようだ。

ちなみに、1個の原子はそもそも直径が1000万分の1㎜しかなく、それだけでも人間の基準ではあまりに小さく、想像することもできない。ところがその原子の主役である原子核の直径はこれよりさらにはるかに小さく1兆分の1～10㎜ほど。原子を野球場の大きさとするなら、原子核はその中心におかれたボール1個より小さいことになる。近年開発された特殊な顕微鏡を用いれば原子や原子核の存在を視覚化できるらしいが（**図6**）、陽子や中性子となるとわれわれはただ想像力をはたらかせる以上のことはできない。

原子が永遠不変ではなく、「自然崩壊」するわけ

ところで原子を発見したラザフォードに戻り、彼のきわめて重要な別の業績に目を向けるこ

注1➤湯川秀樹の中間子理論　原子核の中で核子どうしを結びつけている「強い核力」についての理論。この核力は陽子や中性子の間で「中間子（メソン）」と呼ばれる粒子が交換されることで生じるというもの。その質量は陽子と電子の中間くらいであろうということから湯川は中間子と命名したという。

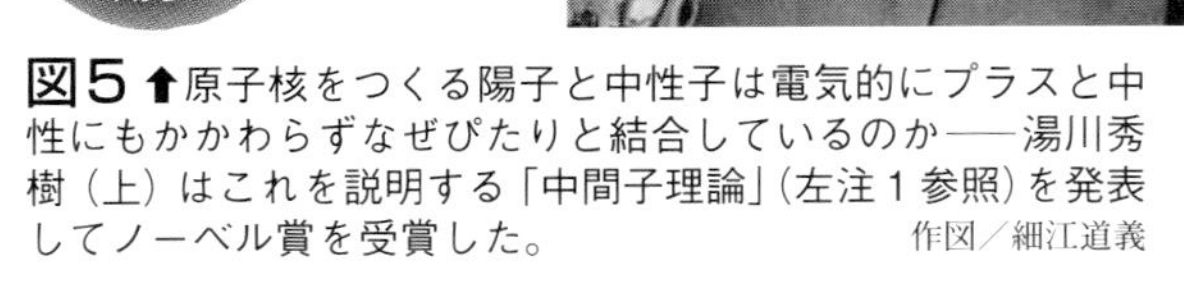

図5⬆原子核をつくる陽子と中性子は電気的にプラスと中性にもかかわらずなぜぴたりと結合しているのか――湯川秀樹（上）はこれを説明する「中間子理論」（左注1参照）を発表してノーベル賞を受賞した。　作図／細江道義

とにする。むしろこれこそ彼の最大の発見と言うべきものだ。それは、原子はそれまで考えられていたように永遠不変の存在ではなく、「放射線を放出して崩壊し、別の核種（かくしゅ）（別の原子）に変わる」というものだ。

このような性質をもつのは不安定な核種、すなわち「放射性核種」である。その代表例が原子力発電の燃料や核兵器（原爆）の材料に使用されるウラン235（235は質量数。陽子と中性子の数の合計）。

ウラン235は自然界に大量に存在する元素であるウラン（回収可能なものだけで1万トン以上と見られる）の同位体である。同位体とは原子核をつくっている陽子の数は同じだが中性子の数が異なるもののことだ。同位体には、原子核が大きすぎたり陽子と中性子の数が違いすぎるために不安定な「放射性同位体」もある。このような原子核は放射線を放出し、別の核種に変わってしまう。これは「放射性崩壊」と呼ばれる現象だが、なかにはより劇的な「核分裂」を起こすものもある。

たとえばウラン235は、外部から飛来した中性子を吸収するとただちに不安定になって核分裂し、2個の軽い原子核に変わる。そしてその際に大量のエネルギー、つまり「核分裂エネルギー」を放出する（**図8**）。

このような反応を起こす物質（元素）はほかにもあり、それらは別の粒子や高エネルギーの光（ガンマ線）が衝突しても崩壊する。さらに、外部から飛来する粒子や光がなくても、自ら勝手に崩壊して別の核種に変わるものもある。これは文字どおり自然に崩壊するので「自然崩壊」と呼ばれる。

ちなみにここでたびたび登場した陽子の英語名はプロトンというが、これはギリシア語のプロトス（一番目の意）を引っぱってきてラザフォードが適切に命名したものだ。

これまでおもに核物理の中でも原子核が分裂する現象を見てきたが、実は原子核はその真逆の反応、つまり2つの原子核が「融合（核融合）」する性質をもつことも忘れてはならない。それどころか、この宇宙では核融合こそが普遍的な物理現象であり、われわれの知っている宇宙は文字どおり核融合によって進化し、無数の星々や銀河を生み出してきた。

そこで次項では、とくに核融合という現象に注目することにする。●

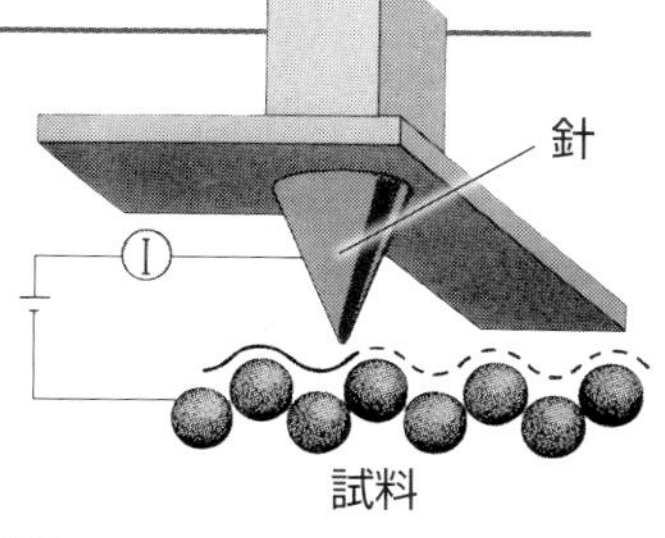

図6 ⬅⬆電子線をきわめて細く集め、試料に照射しながらなぞる（走査）。試料から出る2次的な電子像を検出して画像化する。左は金の表面の原子配列。
写真／Erwinrossen

図7 ミクロの物質の大きさ

原子核 1×10^{-15}m
DNA（幅） 3×10^{-9}m
バクテリオファージ（ウイルス） 2×10^{-7}m
大腸菌 3×10^{-6}m
赤血球 8×10^{-6}m
小 ⟷ 大

⬆原子核は10^{-15}m（1兆分の1mm）レベルの大きさで、右側のさまざまな微小な物体の数十万分の1しかない。
図／矢沢サイエンスオフィス

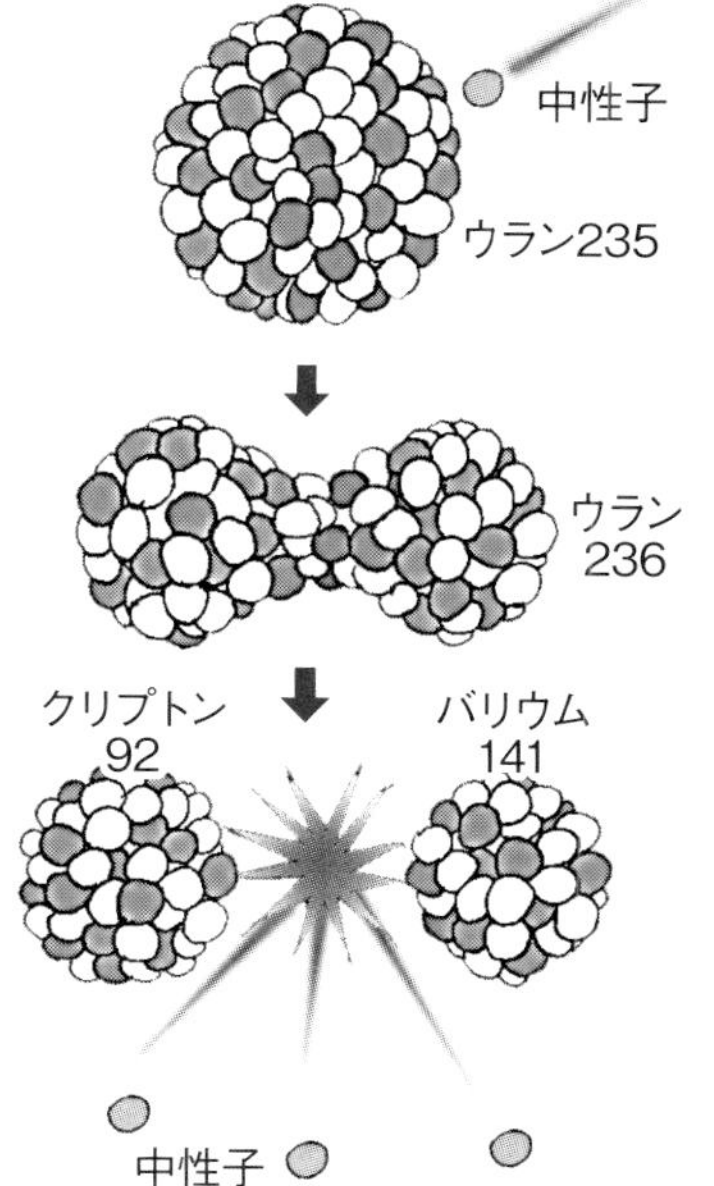

図8 ➡ウラン235の原子核に中性子があたると陽子と中性子の結合が不安定になってウラン236になる。236はただちに核分裂を起こし、このとき膨大な熱エネルギーが生み出され、同時に2〜3個の中性子が放出される。この中性子が別のウラン235を分裂させ、核分裂連鎖反応が始まる。
作図／十里木トラリ

宇宙を支配する「核融合エネルギー」の物理学

人類文明の〝宇宙化〟の必須条件

宇宙の全物質の99%はプラズマ

前項ではおもに原子核と核分裂に注目し、他方、「核融合」には触れなかった。それは核融合があまりに重要なテーマであり、切り離して扱う必要があったからだ。

世界の物理学者も天文学者も核融合には特別の関心を抱いている。これを理解しなければ宇宙で起こっていることを何も理解できないからにほかならない。

核融合とは、水素やヘリウムなどの軽い元素の原子核複数個が文字どおり〝融合（結合）〟し、大量のエネルギーを放出しながら1個のより重い原子核に変わる反応のことだ。核融合をもっとも起こしやすいのは水素の同位体である重水素とトリチウム（三重水素）である。

核融合はわれわれのはるか頭上でつねに進行中である。太陽の中心部では4個の水素の原子核（＝陽子）が融合してヘリウムに変わり、その際に質量全体がごくわずか減少する。その微々たる質量が目もくらむばかりの莫大なエネルギーに生まれ変わる。つまり陽子×4個＝ヘリウムの原子核＋余剰のエネルギーという反応である（**図2**）。

この核融合エネルギーがわれわれのもっとも身近な星（恒星）である太陽をかくも激しく燃え上がらせ、輝かせている。そこで生み出されているエネルギーはアインシュタインの有名な方程式によって計算することができる。方程式〝$E=mc^2$〟は彼の生み出した特殊相対性理論の柱をなすもので、「エネルギーの大きさは物質の質量に光速の2乗を掛けたものに等しい」という意味である（14ページ記事参照）。

いまから45億年ほど前に誕生した太陽がこれまで周囲の宇宙空間に光と熱として送り出してきた核融合エネルギーが存在しなければ、地球上にはどんな生命も誕生せず、人類も存在しなかった。地球は永遠にただの凍りついた真っ暗な惑星のままだった。そしてこれと同じことが全宇宙で起こってきたはずである。

宇宙進化の主役ともいえるこの核融合反応をくわしく見ると、そこでは前項で見た核分裂とは真逆の現象が起こっている。まず核融合は、もっとも軽い元素である水素やヘリウムが〝プラズマ〟になっているときに起こる。プラズマとは何か？

地球上ではほぼすべての物質は固体か液体、ないしは気体として存在する。ところが宇宙では様子は一変し、もっとも普遍的な物質の状態（目に見える宇宙の99%）はプラズマである。このプラズマはよく〝物質の第4の状態〟とも呼ばれる。

1秒で文明150万年分のエネルギーを生み出す太陽

プラズマは一言で言えば超高温の

図1 ➡太陽をはじめ宇宙のほぼすべての星々は、核融合反応によって無限ともいえるエネルギーを放出している。
写真／NASA/SDO

図2 核融合反応

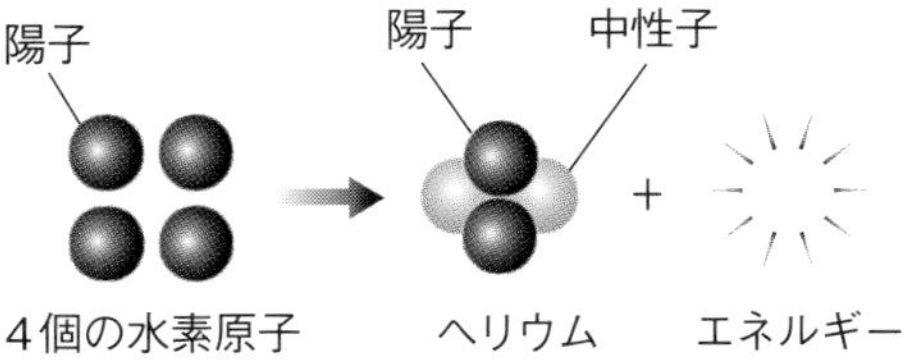

陽子
4個の水素原子
陽子　中性子
ヘリウム
＋
エネルギー

⬅軽い核種（原子核）どうしが融合してより重い核種に変わる核反応で、単に「核融合」と呼ばれることが多い。核分裂反応と同じく20世紀前半から研究されてきた。

ガスである。電気的に中性であった原子が超高温になると、原子核から電子が引きはがされる。すると、それまで原子をつくっていた原子核は電子を失ってプラスの電気を帯びた陽イオンとなり、他方、マイナスの電気を帯びた電子は原子核から解放されてかってに飛び回るようになる。これらが混じりあったスープのごときガスがプラズマである。

昼間、肉眼で見れば視力を失うほど光り輝いている太陽の正体は直径139万㎞以上の巨大なプラズマの球体である。また澄んだ夜空に輝く無数の星々や星雲もすべてプラズマである。

太陽のような星の内部はなぜプラズマ状態になっているのか？ それは、星の質量がとほうもなく巨大であるため、中心部は自らの重力で押しつぶされて超高温になっているからだ。太陽の中心部の温度は1500万度Cにも達する。この温度は外側にいくにつれて下がり、太陽表面では5500度Cほどとなる。

太陽中心部の核融合が生み出すエネルギーがどれほど巨大かを示すNASAの報告がある。それは、太陽が〝150万分の1秒に放出するエネルギー〟で人類が1年間に消費す

図3 ⬆国際計画ITER（イーター）で建造されている核融合実験炉（トカマク方式）。場所はフランス。 写真／ITER Organization, http://www.iter.org/

図4 ⬆これは別の方式でレーザー核融合（慣性核融合とも）と呼ばれる。アメリカ、日本（大阪大学）などに大規模な実験装置がある。未来の核融合ロケット（39ページイラスト）はこの方式を用いる可能性が高い。 写真／Damien Jemison／LLNL

図5 トカマク方式（イメージ）

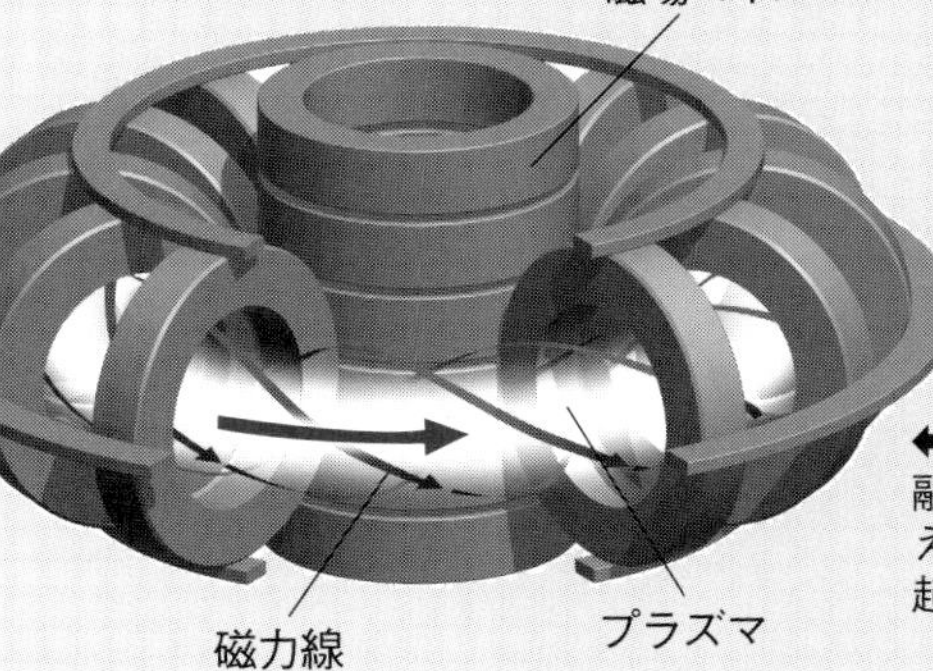

図6 レーザー方式

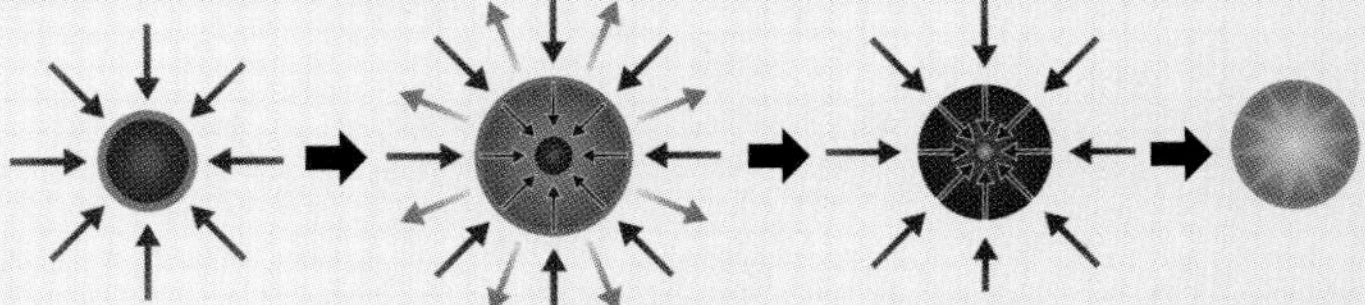

①レーザーを照射すると燃料の表面がプラズマとなる。

②プラズマ化した燃料の表面が瞬時に膨張する。

③膨張の反力で燃料の中心部が超高密度となる。

④燃料が核融合を起こす。

⬅多数の円形の電磁石が生み出す磁場でプラズマを閉じ込め、その内部で核融合を起こさせる。トカマクは1950年代にロシア（旧ソ連）の物理学者が考え出した方式で、強力な電磁場で燃料となるプラズマを閉じ込めて核融合を起こさせるので別名「磁場閉じ込め型」とも。

イラスト／細江道義　資料／Max-Planck-Institut für Plasmaphysik　上図／Benjamin D. Esham

る全エネルギーを供給できるというものだ。言いかえるなら、太陽は1秒ごとにいまの人類が消費しているエネルギーの150万年分を生み出していることになる。

太陽も宇宙の何兆個もの星々もみな核融合によって莫大な熱を生み出し、光を放出している。それらの星々の内部で核融合が起こるには、もっとも軽い原子の原子核どうしが1000万度C以上の超高温の中でたがいに衝突しなくてはならない。

強い圧力がかかっていないプラズマの中では、原子核どうしは電気的に反発しあって近づこうとしない。だがプラズマを超高圧に圧縮するとそれは超高温となり、ついには原子核どうしの間の反発力よりも引力（核力）のほうが上回る。そして両者がある距離より近づくとついには結合、つまり融合してしまう。これが核融合反応である。

さきに星の内部では水素4個が核融合によりヘリウム（宇宙では水素の次に大量に存在する）に変化すると書いた。実際には水素はヘリウムになるまでに数段階の核融合を経るが、いずれの段階でも大量のエネルギーを放出する。こうして生み出されたエネルギーによって太陽のような星の中心部は超高温となっている。

星の一生の長さはこの核融合のスケールの違いによって決まる。核融合がゆっくり進む星の一生は長く、進み方が激しい星は早く一生を終える。核融合が激しく進みすぎる星はいずれ超新星爆発を起こし、後にブラックホールや中性子星を残すこともある（46ページ記事参照）。

〝地上の太陽〟が生み出す無限のエネルギーの時代

21世紀の前半を生きる読者にとっては、別の意味でも核融合は身近かつ重要である。というのも、世界各国の物理学者やエンジニアがいま、核融合を人間の手で成功させようとしているからだ。これは、星々の内部で起こっている核融合を地上で再現し、〝地上の太陽〟と呼ぶべき文字どおり無限の新エネルギーを手に入れようとするものだ。

日本も含めて世界各国はすでに半世紀近く前から核融合の実現を目指してきた。そのため筆者はかつてアメリカと日本国内の多数の核融合研究施設を訪れ、彼らの研究現場を見てきてもいる。アメリカ、エネルギー省の3つの巨大な国立研究所（ローレンス・リバモア研究所、ロス・アラモス研究所、サンディア研究所）、プリンストン大学、国内の日本原子力研究所（現量子科学技術研究開発機構）、大阪大学レーザー核融合研究センター、それに筑波大学。

これらの研究機関が取り組んできた人工的核融合の方法はおおむね2つに大別される。トカマク方式（磁場閉じ込め核融合）とレーザー方式（慣性核融合）である。

核融合の研究はロシアや中国、インドも含めて世界各国が独自に進めており、いまでは国際協力による巨大な実験炉もフランスで完成が近い（ITER。前ページ**図3**）。建設費は邦貨にして2兆5000億円。**図5、6**にトカマク方式とレーザー方式の核融合の違いを簡単に示した。

実は人工的な核融合はとうに実現してもいる。それは1952年にはじめて実験された水素爆弾としてだ。水爆は原爆をはるかに上回る爆発兵器であり、平和な世界で使用されることを前提としてはいない（将来、火星の土木工事などで小規模に用いられる可能性はある）。

だが各国の核融合研究が目指すように、核融合反応を小出しに、つまりコントロールしながら持続させようとすると、その実現ははるかに難しい。そのため水爆の出現から70年経ったいまもなお、核融合炉は開発途上にある（最近のある報道では、特殊な構造の小型核融合炉に取り組むアメリカのベンチャー企業がすでにその実現を目前にしているという。また日本の実験も前進したようだ）。

ともかくこの人類史的挑戦は、今後数十年を待たずして実現に至ると予想することができる。そのとき人類はついに、環境汚染とはほぼ無縁の、真にクリーンにして無限のエネルギー、無限の電力を手にすることになる。

ちなみに、未来の宇宙航行技術が目指す方向も核融合、つまり「核融合推進ロケット」である（**図7**）。遠からず地球から火星や金星、それに木星や土星まで人類の手が伸びるとしたなら、それは（日本の一部大学でも研究されている）核融合ロケットが実現したときである。●

図7⬇核融合推進の宇宙船（想像図）。遠からず人類文明が火星やそれ以遠の惑星を目指すときには核融合ロケットが不可欠。この方式なら、現在の化学燃料ロケットよりはるかに高速で何億kmもの宇宙空間を飛び続けることができる。
イラスト／長谷川正治＋細江道義／矢沢サイエンスオフィス

見えない物質「素粒子」の物理学

"物質をつくる物質"はどこにあるか?

数兆円の建設費を投じた超巨大な粒子加速器

「素粒子」というとてつもなく小さな物質を研究するのは容易ではない。というのも、それには文字どおり地上最大級の超巨大な実験装置が不可欠だからだ。

　その装置は粒子加速器。長大なリング状あるいは直線状の装置によって目に見えない電子や陽子などの粒子を光速に近い速度まで加速する。

　現在の世界の素粒子研究の主役は、スイスのジュネーブ郊外にある「LHC」(**図2**)と呼ばれる加速器である。これを運転するのはヨーロッパ原子核研究機構で通称セルン。

　この加速器はスイス-フランスにまたがる地下100mに建設されており、そのリング状の加速チューブは1周が27㎞と東京の山手線ほどもある。この長大なチューブは1232基もの巨大な超伝導磁石で囲まれ、チューブの途中には数基の巨大な観測装置(1基約3000トン!)が設置されている(**図4**)。建設には円換算で数兆円を要した。

　LHCの内部で超高速の陽子が正面衝突すると、その瞬間に莫大なエネルギーが発生し、同時にさまざまな粒子が生まれて飛び散り、ただちに壊れる(**図3**)。この粒子加速器はいわば"未知の粒子の製造工場"である(左ページ**豆知識**)。

　このような構造をもつ粒子加速器は世界の主要国のほとんどが保有している。日本のそれは茨城県筑波山の麓で運転されている「スーパーKEKB」。

　科学実験装置がなぜこれほど巨大でなくてはならないのか? それは、素粒子物理学者たちが、地球上にはおそらく存在しない未知の素粒子を発見しようとしているからだ。多数の巨大な超伝導磁石が生み出す磁場によって粒子を加速しようとすれば、加速チューブが大きく長いほど粒子のスピードは高速となり、それによってより大きなエネルギーでより激しい衝突が起こり、より多くの種類の素粒子が生み出されるはずである。

　2012年、LHCは早くも大きな成果をあげ、世界中に大ニュースとして流された。1000兆回もの衝突実験の結果、"神の粒子"などという大仰な形容の素粒子「ヒッグス粒子」(44ページ**キーワード**参照)の証拠をつかんだというのだ。

　ヒッグス粒子は「物質に質量を与える」という奇妙な性質をもつとされている。人間の体や身のまわりのあらゆる物体が質量つまり重さをもつのも、宇宙にあまねく存在するヒッグス粒子のはたらきだという。

　だがその前に、そもそも素粒子とはいったい何なのか?

宇宙に存在する素粒子は17種類?

　素粒子は自然界のあらゆる物質を形づくる根源的な粒子である。たとえば人間の体はたんぱく質や水などの分子でつくられているが、その分子もまた炭素や水素などの原子が結合したものだ(**図1**)。さらに原子も、電

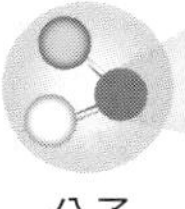
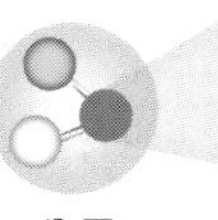

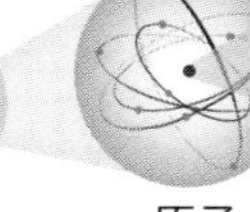

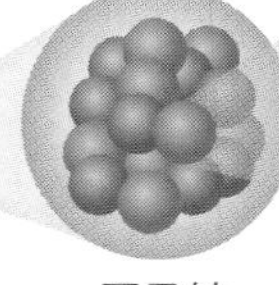

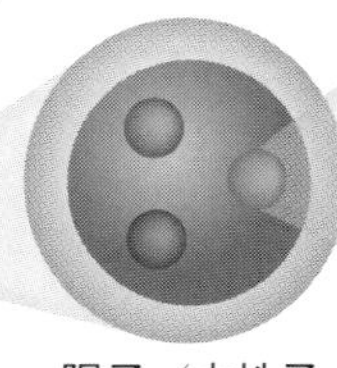

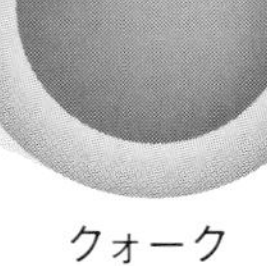

図1 ➡物質の階層構造。その構成材料を分解していくと、最終的にはクォークや電子などの素粒子にたどりつく。
イラスト/高美恵子

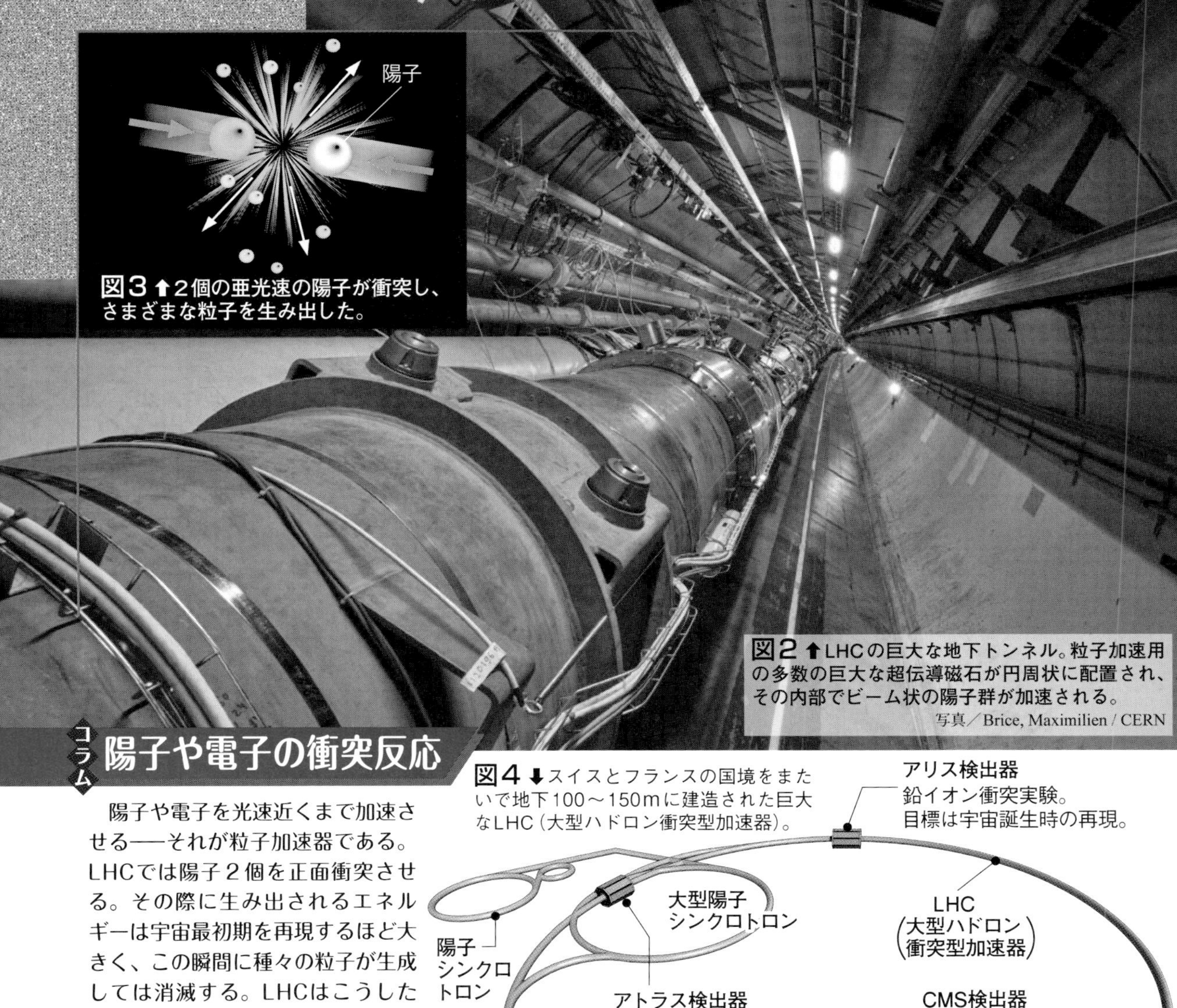

図3 ⬆2個の亜光速の陽子が衝突し、さまざまな粒子を生み出した。

図2 ⬆LHCの巨大な地下トンネル。粒子加速用の多数の巨大な超伝導磁石が円周状に配置され、その内部でビーム状の陽子群が加速される。

写真／Brice, Maximilien / CERN

コラム 陽子や電子の衝突反応

陽子や電子を光速近くまで加速させる──それが粒子加速器である。LHCでは陽子２個を正面衝突させる。その際に生み出されるエネルギーは宇宙最初期を再現するほど大きく、この瞬間に種々の粒子が生成しては消滅する。LHCはこうした粒子反応を調べることにより、自然界を支配する基本法則や素粒子の性質を探る。

図4 ⬇スイスとフランスの国境をまたいで地下100〜150mに建造された巨大なLHC（大型ハドロン衝突型加速器）。

アリス検出器
鉛イオン衝突実験。
目標は宇宙誕生時の再現。

LHC（大型ハドロン衝突型加速器）

大型陽子シンクロトロン

陽子シンクロトロン

アトラス検出器
２本の陽子ビームの衝突。
ヒッグス粒子の探索など。

CMS検出器
ヒッグス粒子、余剰次元、暗黒物質などの探索。

LHCb検出器
「CP 対称性の破れ」を実験・観測。

作図（上も）／細江道義

子や陽子などのより小さな粒子でできている。こうして物質をどこまでも細かくしていくと、最終的にはそれ以上分割できない究極の物質にいきつくはず──それが素粒子である。

われわれの身近な素粒子としては電子が知られている。電子は「レプトン」（44ページキーワード）と呼ばれる素粒子グループに属する。他方、陽子は素粒子ではない。というのも、陽子は「クォーク」（キーワード）と呼ばれるさらに小さな素粒子でできているからだ。

ちなみに1960年代にクォークの存在を予言したのはアメリカの物理学者マレー・ゲルマン（**図5**）。彼は仏教用語にヒントを得た「八道説」という理論を考え出し、これによって当時混乱状態にあった素粒子物

注1➤陽子と中性子の素材である2種類のクォーク、アップとダウン。

注2➤**弱い力**　素粒子の種類を変える力。放射性崩壊や核融合に関わる。

豆知識 LHCの莫大なエネルギーは波紋も引き起こした。装置内で原子より小さなブラックホールを生み出し、それがヘビが尻尾から自分を丸呑みするように地球全体を呑み込む可能性があると報じられたため。ある市民団体は実験中止を求めて提訴したが、研究者はLHC内でブラックホールが生じても直後に消滅すると説明し、訴えは却下された。

理学を整然とさせた（**下コラム**）。

ではこの宇宙には何種類の素粒子が存在するのか？

現在の素粒子の理論（「標準モデル」「標準理論」などと呼ぶ）では素粒子は17種類とされている。物質の粒子（レプトンとクォーク）が12種類、それらの間にはたらく力の粒子「ゲージ粒子」が4種類、そしてこれらに質量を与えるヒッグス粒子である（**図7**）。

物質粒子が12種類あるといっても、地球上のあらゆる物質を形作るのはそのうちのわずか3種類——2種類のクォークと1種類のレプトン（電子）——だけだ（前ページ**注1**）。

前記のヒッグス粒子が発見されたときメディアは「今世紀最大の発見」と騒ぎ、イギリスの科学誌ネイチャーでさえ「ジグソーパズルの最後の一片が見つかった」と興奮気味に報じた。とにかくこれで主流の素粒子理論（標準モデル）の予測する全粒子がそろったからだ。だが実は標準モデルは完成にはほど遠く、物理学者もそれをとうに承知していた。

素粒子の標準モデルは、宇宙にはどんな素粒子が存在し、それらがどうふるまい、たがいにどんな力を及ぼすのかなどを説明している。これは本来なら、電磁気力、弱い力（**注2**）、強い力、重力という4つの力を統一的に扱う理論（64ページ参照）にもとづくべきだが、現時点ではその前段階の「大統一理論」（**注3**）も完成していない。

標準モデルはたしかにさまざまな粒子の挙動をおおむね正しく予測する。だが他方で深刻な困難に直面してもいる。

まず発見されたヒッグス粒子の質量が予測よりはるかに小さい。さらに深刻にもこの理論は自然界の粒子と力のすべてを扱ってはおらず、肝心かなめの重力が含まれない。重力を他の理論と同じまな板の上で論じる試みはまったく成功していないのだ。くわえて重力を伝える粒子

コラム パーティクル・ズー

1950〜60年代、宇宙から降り注ぐ放射線（宇宙線）から未知の粒子が次々に発見された。当初これらは素粒子と見られたが、宇宙の基本粒子にしては種類が多すぎた。困惑した物理学者たちはこの状況を“パーティクル・ズー（粒子の動物園）”などと呼んだ。

だがアメリカの物理学者マレー・ゲルマン（図5）は「八道説」（図6）という理論で新粒子を整理した。すると新粒子の多くはクォーク2〜3個の結合体と見れば説明できることがわかった。後にこの仮説は実験的に証明された。

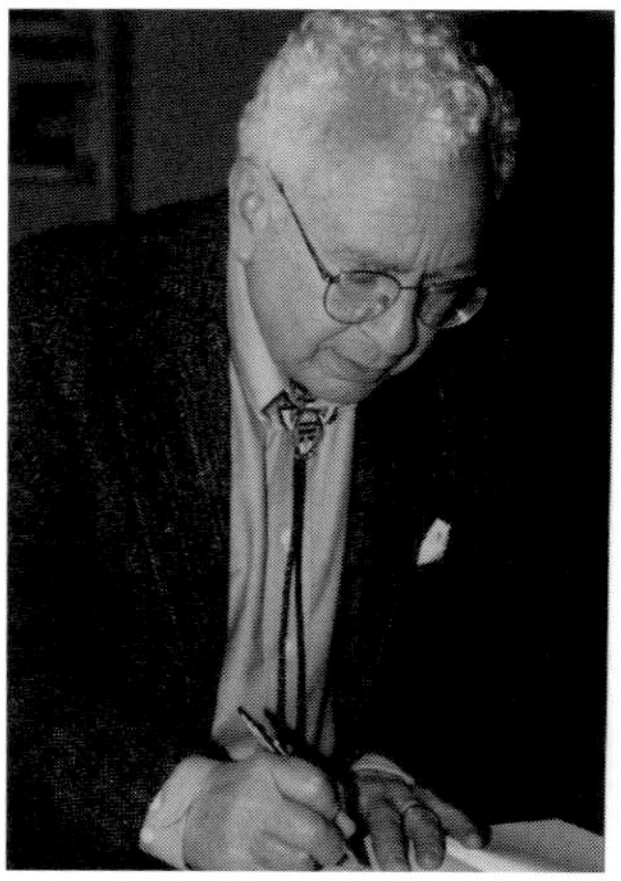

図5 ➡クォーク理論でノーベル賞を受賞したマレー・ゲルマン（1929〜2019年）。文学や歴史、考古学、言語学などあらゆる分野に通じ、多言語を操った。これはインタビューのために訪れたゲルマンの自宅で撮影。

写真／矢沢サイエンスオフィス／Heinz Horeis

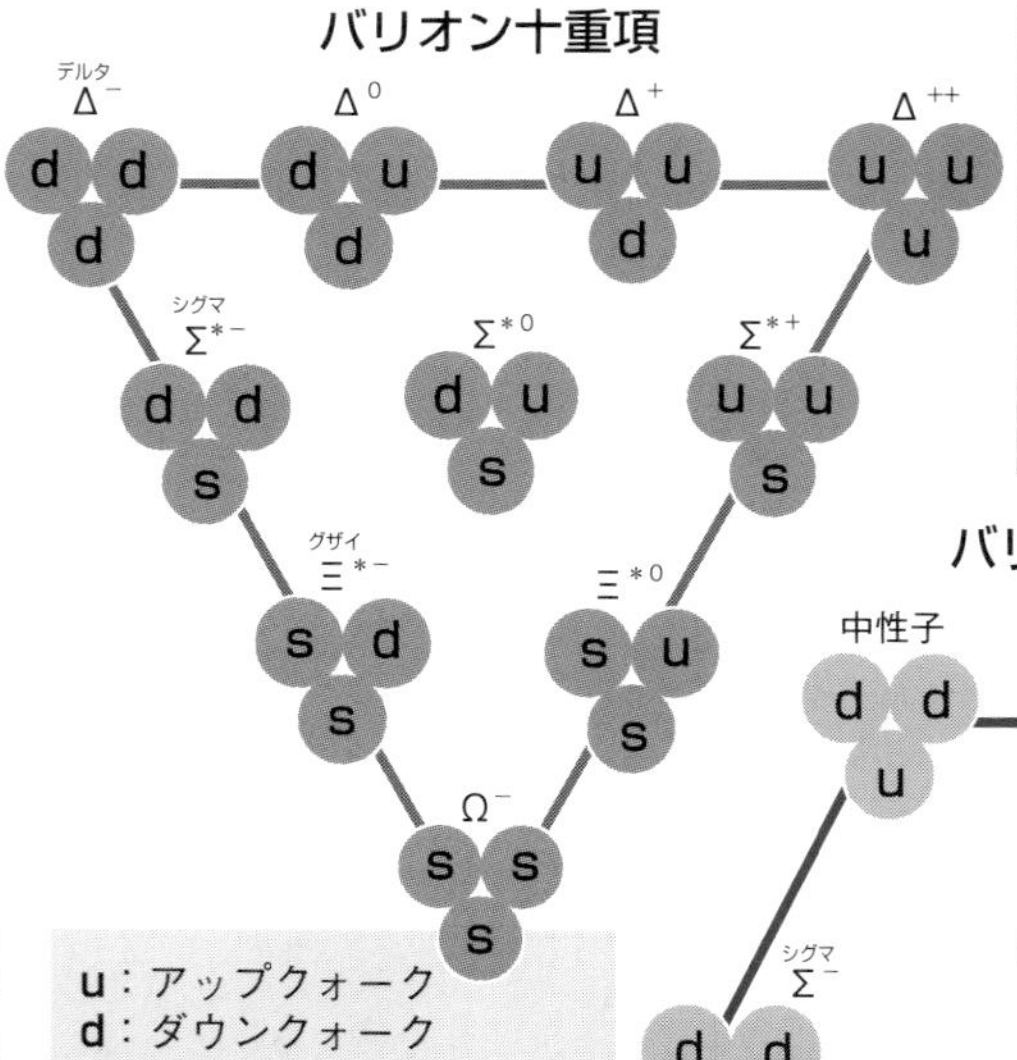

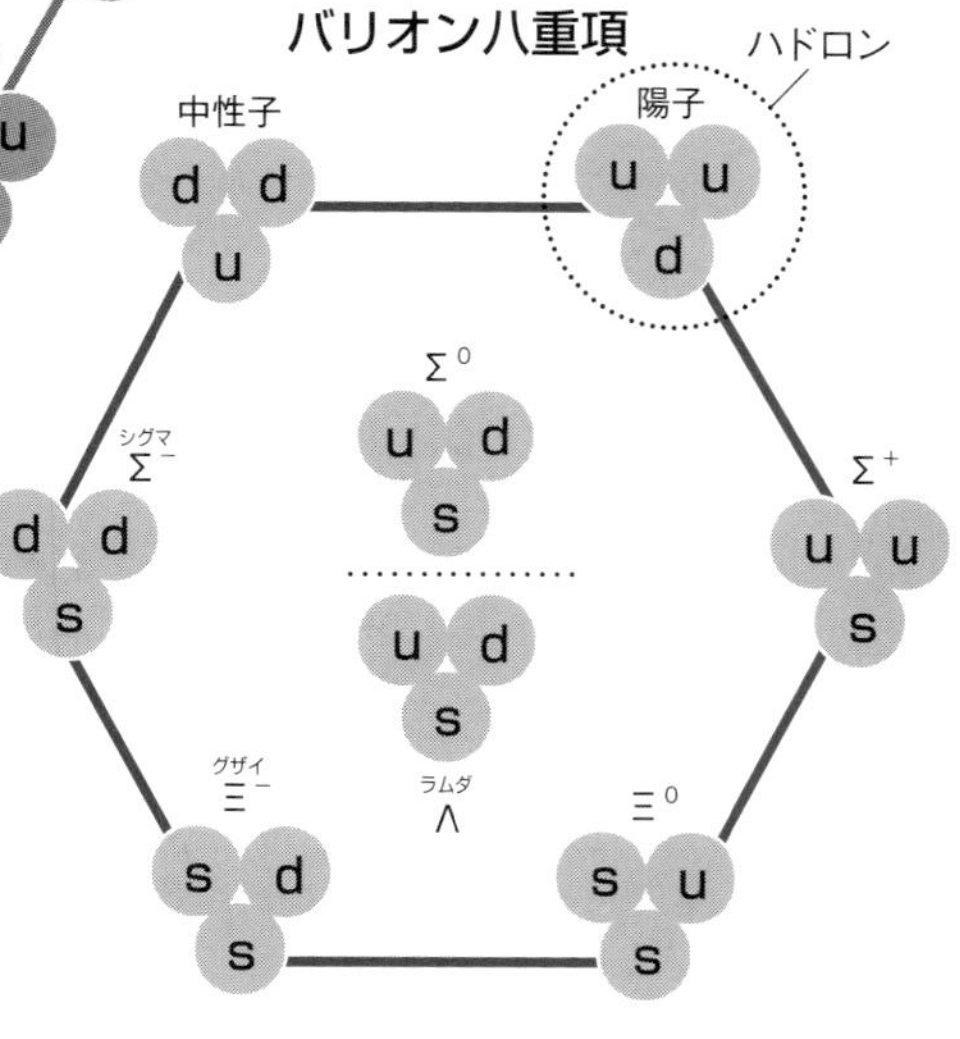

u：アップクォーク
d：ダウンクォーク
s：ストレンジクォーク

バリオン：3個のクォークからなる粒子
ハドロン：複数のクォークからなる粒子
ストレンジネス：量子数のひとつ。名称はこの量子数をもつ粒子の崩壊反応の“奇妙さ”に由来。

図6 ➡1961年、マレー・ゲルマンが粒子を電荷とストレンジネスで分類すると幾何学図形になった。彼は仏教用語の八正道にもとづいてこれを八道説と名づけ、図の規則性を説明できるクォーク説を提唱。

注3➤大統一理論 電磁気力、弱い力、強い力の3つの力を統一する理論で、複数のバージョンが提唱されている。大半は陽子の崩壊を予測するが、まだ崩壊は観測も検証もされていない。

図7 素粒子の標準モデル（標準模型、標準理論とも）

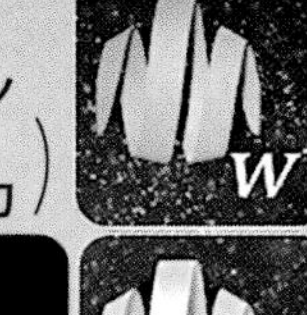

⬆電弱統一理論や量子色力学を中心にした素粒子の標準モデル。自然界を構成する粒子のふるまいや粒子どうしの反応をおおむね説明する。しかし重力理論は含まれず実験と合致しない点もある。

資料／Daniel Dominguez／CERN

とされる「グラビトン」も未発見であり、そもそもこうした理論の基礎となるべき前記の４つの力を統一する理論が未完である。

新しい理論の登場が不可欠のわけ

ノーベル賞物理学者スティーブン・ワインバーグ（59ページ）はかつて「力と物質についての最終的な理論を手にするまで、どの粒子が（真の）素粒子かは言えない」と述べた。彼の残したこの言葉はいまもそのままだ。

それどころか、たとえ素粒子の標準モデルが完成したとしても、それは宇宙のエネルギーのほんの一部しか説明できない。クォークやレプトンからなる〝ふつうの物質〟は、現在のビッグバン宇宙論では宇宙の全エネルギーのせいぜい5%にしかならないことが明らかになったからだ。残りの95%（!）は暗黒物質や暗黒エネルギーと呼ばれる未知の存在である（52ページ記事参照）。これらの物質やエネルギーは光を反射も吸収も放出もしないので発見は至難の業で、素粒子の標準モデルにもその候補粒子は含まれていない。

標準モデルはこれら以外にも、正粒子と反粒子の問題、素粒子の〝階層性〟（**注4**）、理論予測と実験結果の不一致等々、いくつもの未解決問題を引きずっている。そのため素粒子物理には標準モデルを超える新理論が不可欠である。

その可能性をもつ理論は存在する。そのひとつが「超対称性理論」で、英語の略称で「SUSY（スージー）」とも呼ぶ。

〝鏡の向こうの物理学〟は成功するか？

物理学にとって「対称性（シンメトリー）」は重要な概念である（キーワード）。それは、物理法則がどれほどの普遍性をもつかを示す指標だからだ。

ここで言う対称とは、ひっくり返そうが入れ替えようが物理法則が変わらない性質をいう。

注4➤素粒子の“階層性問題”　素粒子が担う力の大きさや質量などの物理定数はそれぞれ大きく異なり階層構造をなしている。たとえばレプトンは3世代あるが、電子の質量を1とするとミュー粒子（ミューオン）はその200倍、タウ粒子は3500倍。この問題は現時点では説明困難。

注5➤ゲージ対称性　時空の幾何学的性質の対称性（64ページ注1参照）。この対称性を満たす理論では、物質粒子にはたらく力は“ゲージ粒子の交換”として説明される。たとえば電子と陽子は電磁気力を担うゲージ粒子である光子をたえず交換することにより引きつけあうという。

たとえばニュートン力学は地球上のどこでも成立するので「空間的に対称」である。

また運動方程式には過去と未来の区別もない。時間の流れを逆行させても（時間軸を反転させても）方程式は成立する。そこでニュートンの運動方程式は時間的にも対称である。たとえば時間軸を逆行する（過去にさかのぼる）粒子がわれわれに「反粒子」（キーワード）として観測されるような事例がそれだ。

対称性の概念は過去にも新しい理論を生む契機となってきた。そもそも問題の標準モデルからして対称性（ゲージ対称性。前ページ**注5**）の観点から築かれたものだ。そこで1970年代、対称性を素粒子の〝スピン〟（粒子の自転のような性質）にも広げたのが超対称性理論である（63ページ図3④）。

この理論は2つの異なるタイプの粒子（フェルミ粒子とボース粒子）の間には基本的な対称性が存在することを示しており、既存の標準モデルの枠組みを超える――以下のように。

超対称性理論は、物質をつくっている電子やクォークなどの粒子（フェルミ粒子）にはそれぞれに対応する別種の物質粒子（ボース粒子）が存在し、逆にすべてのボース粒子には対応するフェルミ粒子が存在すると予言する。

いったい何を言いたいのか？それは、このように見れば素粒子物理の未解決問題のいくつか――暗黒物質の存在理由、素粒子が階層構造をもつ理由など――を説明できるかもしれないというのだ。

これは「理論的にエレガントである」などと言われるが、エレガントだけでは解決にならない。どんな理論も冒頭で見たLHCのような粒子加速器による実験などで検証されなくては絵に描いたモチである。2023年のいま、素粒子物理のモチは焼き網にのったままでプーっとふくれてきてはいない。●

素粒子キーワード

クォーク●陽子・中性子などの材料となる素粒子。6種類あり（フレーバーと呼ばれる）、電荷のほかに色荷をもつ。名称はジェームズ・ジョイスの『フィネガンズ・ウェイク』の一節「マーク王へクォーク3唱」による（ゲルマンの命名）。

レプトン●物質をつくる素粒子。名称は古代ギリシア語のレプトス（軽い、小さい）から。電子、ミュー粒子（ミューオン）、タウ粒子に加え、これらと対をなす3種類のニュートリノがある。

量子色力学●クォークの挙動を説明する理論で、クォークとその反粒子（反クォーク）は色荷（カラー）をもつとする。6種の色荷は光の3原色とその補色で呼ばれ、クォークの結合で色が重なって“無色”になると比較的安定な粒子として存在できるという。

反粒子●質量などの物理的性質は同一で電荷のみが異なる粒子。たとえば陽電子や反陽子など。反粒子は正粒子と衝突すると光を放出して消滅する（対消滅）。逆に高エネルギー環境で2個が同時発生することも（対生成）。

ヒッグス粒子●電弱統一理論によれば標準モデルの素粒子の質量は0。だが現実世界には質量が存在する。この問題を解消するのがヒッグス粒子。真空にはヒッグス粒子が充満して素粒子の動きをにぶくする。これが質量として観測されるという。

⬆ヒッグス粒子は有名人に群がるファン？

対称性とその破れ●物理法則は、何らかの操作を加えても変化しないとき、その操作に対して対称という。対称性は山頂のボールが転がり落ちるように自然に破れることがあり、これを自発的対称性の破れと呼ぶ。南部陽一郎は、このとき系が対称性を回復しようとして新しい粒子が生まれると考えた。ヒッグス粒子もこのしくみで誕生する。またCP対称性（粒子と反粒子の交換に対する対称性）の破れにより、宇宙の反粒子は消滅したと見られている。

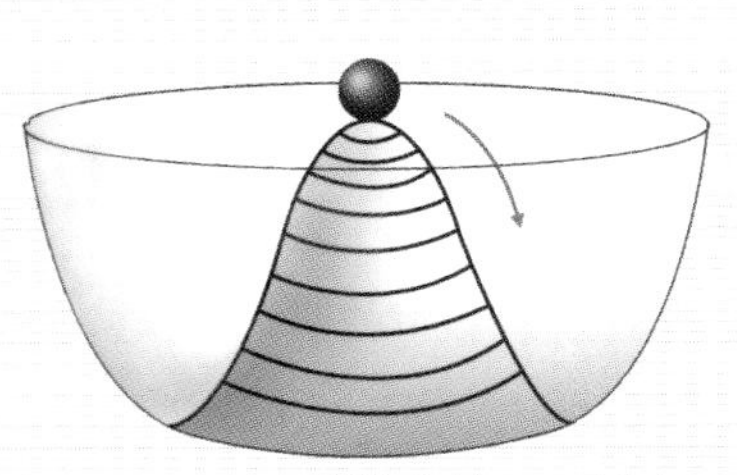

資料／universe-review.ca

物理学の単位の話

図1 ➡アメリカで1960年まで使用されたメートル原器。
写真／NIST

物理学にはさまざまな「単位」(英語：unit) が登場する。単位はものの量を測るモノサシ。日常生活でも科学でも単位がなければ共通認識をもつことができない。だがその目盛はしばしば恣意的に定められてきた。

たとえば長さの単位は身近な人体などのサイズを基準にした尺や寸、インチやフィートなどから始まった。紀元前のメソポタミア時代に使用されたキュビットは肘から中指の先までの長さ、現在も使用されるフィート（フート）は文字どおり足の大きさ、インチや寸は親指の幅が元だった。

だがこれではモノサシ自体に普遍性がない。足のサイズは個々人によって千差万別でとうてい基準にはなり得ない。そこでより普遍的な存在を基準にするようになった。たとえばメートルは、フランスが1791年に北極から赤道までを現地測量し、その1000万分の1を1mとした。その1世紀後の第1回国際度量衡総会で、白金90％＋イリジウム10％の合金で1mの「メートル原器」(**図1**) がつくられた。

だが科学技術の発展につれより高精度の測定が必要になった。1960年には元素番号36のクリプトンのスペクトル線を用い、また1983年には光の速度を基準に1mを定義、2019年には真空中の光速を秒速2億9979万2458mと定義した。

現在、科学の世界では国際単位系（SI）を用いる。すべて10進法で、キロ（1000倍）やミリ（1000分の1）などの接頭語をつけて表記する。2019年の国際度量衡総会ではSI単位系の単位を自然界の普遍的存在（＝物理定数）にもとづいて定義しなおした。●

SI基礎単位
物理量から定義された7つの基本的単位

長さ｜m メートル
18世紀に地球の円周をもとに決められたが、現在は光速によって定義している（本文参照）。古代ギリシアのメトロン（ものさし）に由来。

質量｜kg キログラム
18世紀に水1ℓの重量として定義。現在はプランク定数（量子力学の比例定数）から逆算。名称はラテン語のグラマ（小さな重さ）から。

時間｜s セカンド、秒
初期は1日（地球の1周）を24時間と定義。現在はセシウム原子が吸収する光の周波数をもとに計算。

絶対温度｜K ケルビン
1954年水の三重点（固体・液体・気体が共存できる温度：0.01度C）を273.16Kとして定義。現在は熱力学のボルツマン定数から逆算。

電流｜A アンペア
1アンペアは1秒間に1クーロンの電荷が流れたときの電流。現在は1個の電子の電荷（電気素量）とその移動量をもとに定義。

物質量｜mol モル
粒子の量の単位で、アボガドロ定数約6.02×10^{23}個が1モル。分子1モル分の質量は分子量（単位g）にほぼ等しい。水素分子は1モルで2g。

光度｜cd カンデラ
カンデラは点状光源の光度の単位。名称はラテン語の獣脂(じゅうし)ロウソクに由来し、かつてはロウソク1本の明るさを1カンデラと呼んだ。現在は540兆Hzの光（黄緑色）の強度と人間の視覚能力をもとに定義。明るさの単位は複数あり、カンデラは特定方向への単位立体角あたりの光度、ルクスは光源から離れた一定区域の明るさ（照度）、ルーメンは光源が発する光の総量（光束）。

● SI組立単位（SI基礎単位の組み合わせで定義）

単位	説明	単位	説明
力 N（ニュートン）	1ニュートンは1kgの質量をもつ物体に1m/秒^{2}の加速度を生じさせる力。名称はアイザック・ニュートンから（75ページコラムも参照）。	放射能 Bq（ベクレル）	放射性物質の放射線放出能力を示し、物質中で1秒間に崩壊する放射性元素の個数として定義。放射線の発見者アンリ・ベクレルにちなむ。
圧力 Pa（パスカル）	1パスカルは1平方mあたり1ニュートンの力が作用したときの圧力。名称はブレーズ・パスカルに由来。	被曝線量 Gy（グレイ）	1kgの物質に放射線が与えたエネルギー（J）で1Gy＝1J/kg。よく似た単位シーベルトは生体に対する放射線の影響の単位。それぞれL.H.グレイとR.M.シーベルトに由来。
周波数（振動数） Hz（ヘルツ）	1秒間に発生する波または振動の数。電磁波を観測したハインリヒ・ヘルツに由来。	電圧 V（ボルト）	電気を押し出す力、あるいは単位電荷あたりの電位差。電荷が2点間を運ばれるときの仕事量をもとに定義。

超新星とブラックホールの物理学

巨星が死に、ブラックホールが残る

小さな星は長命、大きな星はつかのまの命

天空に輝く星々について知っておくべきひとつの基礎知識――それは、大きな星ほどその一生は短く、その〝死〟の瞬間は宇宙最大級の激しいエネルギー現象になるということだ。

ここで星（恒星）が大きいとか小さいとかいうのは直径のことではなく「質量」、つまり星に含まれる物質の量のことだ。質量は、われわれがふだん用いる重量（重さ）とは意味が異なり、宇宙のどこにおいても変化しない普遍的な量。物理学の基本的単位のひとつでもある（**注1**）。

だがなぜ、星の質量がその一生の長さや最終的運命を決める最重要の要因となるのか？

太陽などの星が輝き大量のエネルギーを放出しているのは、その中心部（中心核）で「核融合反応」（36ページ記事参照）すなわち、原子核どうしが融合する現象が起こっているためだ。

星は質量が大きいほどその寿命は急速に短くなる。それは、大きければ大きいほど自らの重力も大きく、その重力が中心核をより強く押しつぶし、そこで核融合反応を加速するためだ（後述）。つまり太陽よりはるかに大きい巨星や、それよりさらに大きい超巨星、そしてそれよりさらにはるかに大きい極超巨星は、太陽のようなありふれた星と比べて一生が非常に短い。

小さすぎて超新星にはなれないと定まっているわれわれの太陽は宇宙では長命のほうで、一生の長さは100億年ほどとされている（現在その中間の50億歳ほど）。そして太陽より小さくて暗い赤色矮星（**注2**）となると寿命ははるかに長く、質量が太陽の60％なら350億年、太陽の25％なら3500億年！と計算されている。そもそもこれほどのはるかな未来に宇宙そのものがどうなっているか見当もつかない（宇宙の終末についてはさまざまな仮説がある）。

では逆に、太陽質量の数倍からときに1000倍以上もある巨星や超巨星の寿命はどうか？　おおざっぱに見るとわずか数百万年――太陽の数千分の1である。宇宙的スケールでは巨大な星として生まれたと見る間に早世するようなものだ。人類が地球上に出現したのはわずか数百万年前と見られるので、その頃生まれた超巨星にはいま頃もう死が迫っていることになる（**図2**）。

宇宙で最大最強のエネルギー爆発の瞬間

大きな星が短命である理由は明らかだ。これらの巨大な星は自分自身の重力がとほうもなく強大であるため、星の中心核は圧縮されて超高密度・超高温となる。そこでは中心核をつくっている水素原子どうしが恐ろしい激しさで燃えて（核融合反応によって結合して）ヘリウムに変わり、同時に莫大なエネルギーを放出している（核融合によるエネルギー放出）。

このような星が自らの水素を

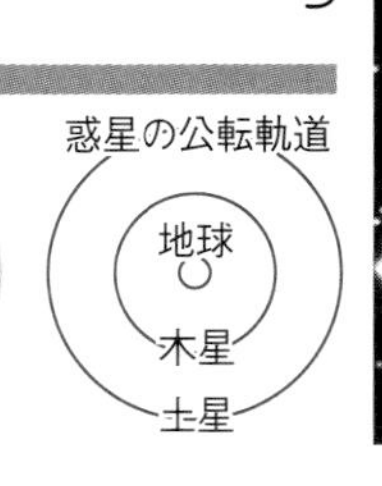

図1　直径の比較

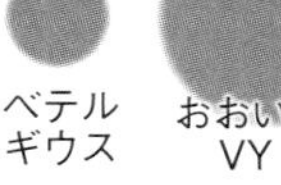

➡ベテルギウスのような巨星や超巨星は直径が太陽の数倍〜数百倍、質量は太陽の8〜100倍以上。こうした星は遠からず超新星となる宿命を背負っている。

写真／A. Dupree, R. Gilliland, NASA and ESA
図資料／Philip Massey, Lowell Observatory

図3 超新星爆発

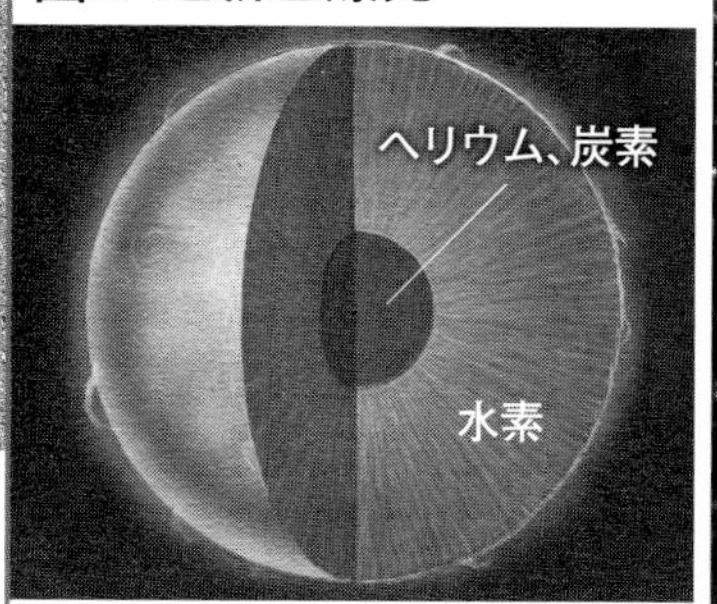

①星は中壮年期には外側が水素、中心核は核融合で生み出されたヘリウムやそれより重い元素からなっている。

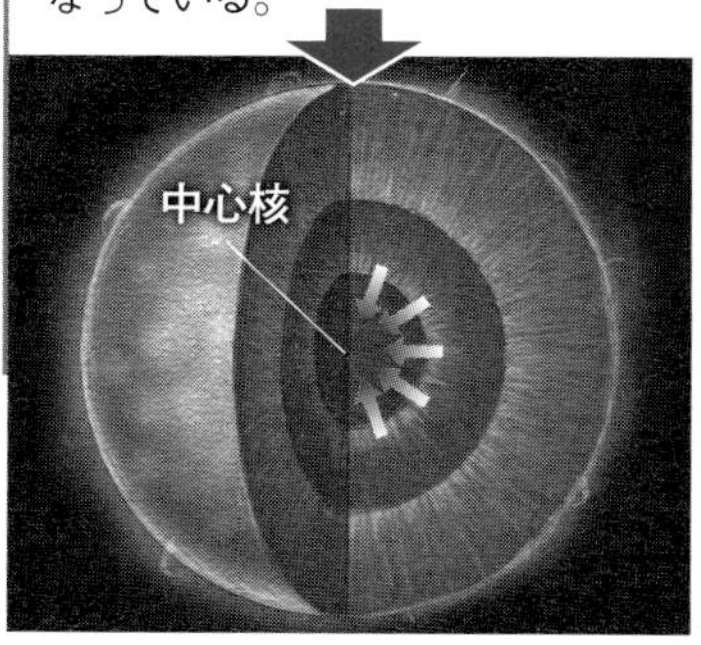

②大質量の星は、核融合が停止すると中心に向けて爆縮を起こす。その結果、中心核は鉄になり、その周囲を重い元素が層状に包む。

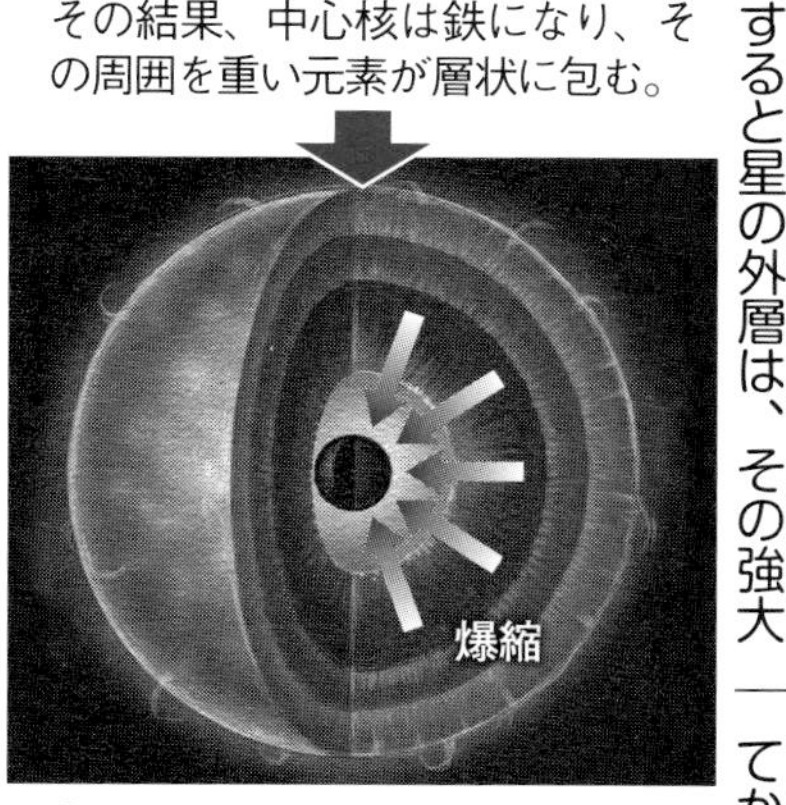

③爆縮で中心部に向かった物質がいっきに跳ね返る。

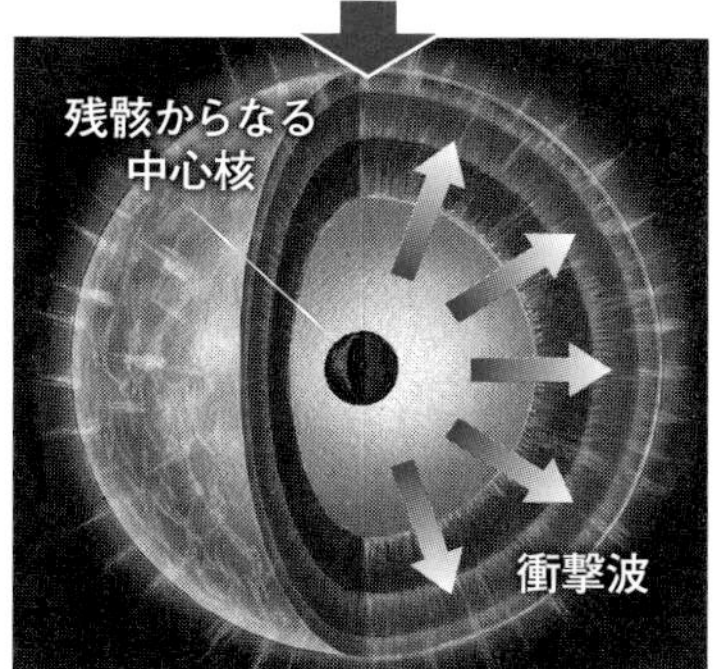

④この超新星爆発によって外層が吹き飛び、中心部には中性子星またはブラックホールが出現する。

イラスト／長谷川正治／矢沢サイエンスオフィス

図2 ⬆NASAのジェームズ・ウェッブ宇宙望遠鏡が2023年６月に撮影したウォルフ・ライエ星（終末期の青色巨星）。これまで知られているなかでもっとも明るくもっとも質量が大きい星で、まもなく超新星爆発を起こすと見られている。　写真／NASA／ESA／CSA／STScI／Webb ERO Production Team

燃やしてヘリウムに変わると、次にはヘリウムが燃えて炭素に変わり、炭素が燃えると酸素が生まれ——と、次々に重い元素が生まれては燃えてより重い元素を生み出す。そしてついに安定した鉄に至ったとき、それはもはや融合してエネルギーを放出することができず、核融合は停止する（**図3**）。

こうして新たなエネルギーが放出されなくなり、星の中心核の温度が下がると、それまで内側から星の外層を支えていた膨張力がいっきに失われ、中心核は外層の巨大な重力を支えきれなくなる。膨張力と重力との均衡が破れる瞬間である。

すると星の外層は、その強大な重力により四方八方から中心へと宇宙スケールの滝となって落下し、そこで物質どうしの大衝突が起こる（爆縮）。衝突した物質はいっきに跳ね返って外側に吹き飛ばされる——星が大爆発を起こして「超新星」に変わったのだ。

これら一連の、おそらくわずか10秒足らずで起こる出来事こそ宇宙最強のエネルギー爆発現象であり、超新星出現の瞬間である。

われわれの銀河系でも遠からず超新星になると見られる星が見つかり、観測され続けている。オリオン座のベテルギウス（**図1**）である。この巨星は生まれてからまだ８００万～１０００

注1➤質量　物体がもつ物質の量。物質の基本的な性質で、質量をもつ物体に重力が作用すると重量として観測される。

注2➤赤色矮星　赤みがかった光を発する小さくかつ低温の星。太陽よりはるかに質量が小さく、宇宙でもっとも一般的な星のひとつ。寿命はきわめて長く数百億～数千億年以上と見られる。

万年しか経っていないが、早くも超新星爆発のときが近づいていると見られている。

超新星の2つのシナリオ

ここまで見てきたのは巨大な星の終末の姿としての超新星爆発である。実際にはこれは「タイプⅡ」に分類される超新星で、ほかに「タイプⅠ」と呼ばれる超新星も存在する。2つのタイプに分けるのは、①超新星になる過程と、②星の明るさの変化のしかたが異なるためだ。どちらもさらに細分類されるが、ここでは深入りしない。

まずタイプⅠ超新星となるのは、2つの星が「連星」をつくっており、そのひとつが死にかけた超高密度の「白色矮星」(**注3**)である場合だ。もともと接近してたがいを公転していたこれらの星はさらに近づき、ついに衝突合体する(連星の相手の星のガスを吸収して超新星となるケースもある)。すると2つの合計質量が巨大となるため、中心部の核融合が暴走して大爆発を起こし、超新星となる。

この超新星は出現の瞬間、自らを含む銀河全体を照らし出すほど明るく輝く——偶然にも近くの宇宙でこの様子を目にした生物がいたなら瞬時に視力を失うに違いない。

そしてこのとき、その内部で生み出された鉄やニッケルなどの重い元素を宇宙全域にばらまく。いまの地球などの惑星や衛星、人間などの生物すべての体をつくっている物質の大半は、過去の超新星爆発が宇宙にばらまいた元素である(**図4**)。はるか昔にたびたび超新星爆発が起こらなかったなら、そもそも誰もこの記事を書いたり読んだりしてはいない。

「チャンドラセカール限界」を超えたとき

さてここで再度注目するのはタイプⅡである。この超新星は前述したシナリオに沿って出現する(図3)。つまり巨星や超巨星、極超巨星の進化の終末としてだ。このような星はおもに渦状(かじょう)銀河に存在し、楕円銀河では見られない。

これらの巨大な星の終末期も、すでに見たように中心核の核融合燃料が切れたとき、つまり核融合反応が停止したときにやってくる。

燃料が燃え尽きると膨張力が弱まって外層の重力に負けてしまうため、外層はたちまち中心に向かって落下し(爆縮)、圧縮された中心核の密度と温度はいっきに上昇する。

このとき、その質量がある限度——太陽質量の1・4倍で「チャンドラセカール限界」という。インド人物理学者の名に由来する(**図5**)——を超えると、それ

注3➤白色矮星　超新星になれるほどの質量をもたない太陽のような星が内部の核燃料を使い果たすと、ガスで覆われた巨大な赤色巨星となる。ついでこれらのガスが宇宙空間に吹き飛ばされ、その後何十億年もかけて超高密度で非常に小さな白色矮星へと変わっていく。

図4

水素
ヘリウム
炭素
酸素
ケイ素
鉄

⬆巨大な星の内部は進化の最終段階でこのようになると見られる。ここに至るとまもなく星全体が中心部に向かって重力崩壊(爆縮)を起こし、ついで爆発によって内部の元素を宇宙にばらまく。超新星爆発の瞬間である。　イラスト／NASA/CXC/SAO/JPL-Caltech

図5 ⬅インドの物理学者スブラマニアン・チャンドラセカールは、超新星爆発後に残った中心核が太陽質量の1.4倍を超えると爆縮で中性子星になることを示した。　写真／NASA

赤色巨星 —太陽の行き着く先

column

質量が太陽と同程度かこれより多少大きな星(太陽質量の0.5〜8倍)は、進化の最終段階に達すると赤色巨星に変わる。これは中心部の水素燃料を使い果たして中心核が収縮し、外側が膨張ガスとなった状態で、星は元の直径の数十〜数千倍にも膨れ上がる。太陽も数十億年後には赤色巨星となり、その外側は金星や地球をも呑み込むほど巨大化すると見られている。

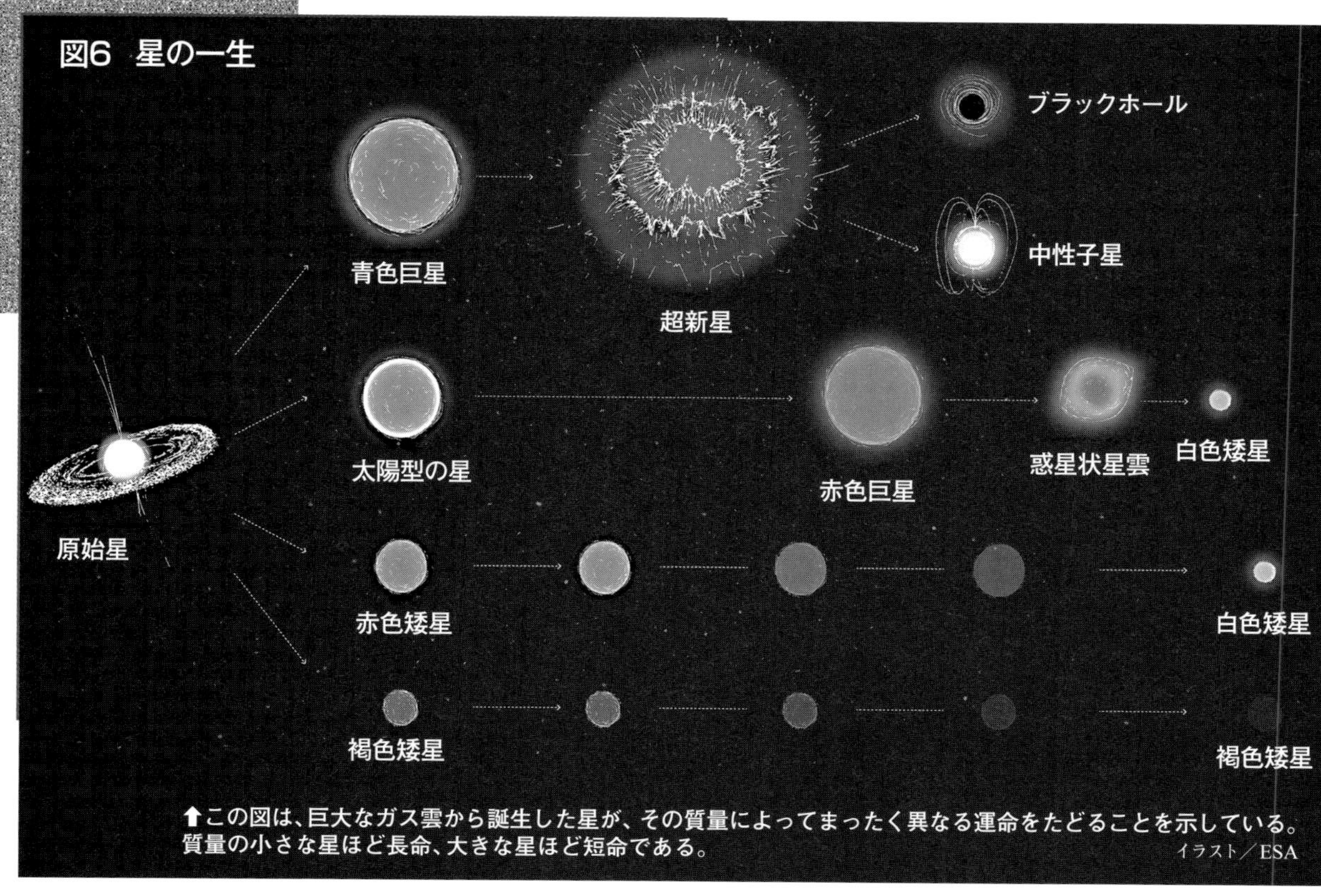

⬆この図は、巨大なガス雲から誕生した星が、その質量によってまったく異なる運命をたどることを示している。質量の小さな星ほど長命、大きな星ほど短命である。
イラスト／ESA

まで中心核の中で反発しあい、その圧力で外部圧力に抵抗していた電子と原子核とが押しつぶされて結合し、中性子に変わる。そして奇怪な星「中性子星」（下コラム）が出現する。

中性子星で不足ならブラックホールがある

このとき星の外側では別の大事件が起こる。それは、前記のように中心核へと落下した星の外層が宇宙空間へと跳ね返り、銀河全体を照らし出すほどの大爆発を起こすことだ。吹き飛ばされたガスと重い元素は銀河全体に広がり、それらは宇宙に新しい物質を追加することになる。惑星やわれわれの体の構成材料のような。

だがこれで終わりではない。超巨星や極超巨星の場合、その中心核は中性子星に変貌した後もなお自らの強大な重力によってつぶれ続け、ついには中性子星が自らを支える力（縮退圧。**注4**）も重力に負けてしまう。

その結果中性子星は瞬時につぶれ、〝密度無限大の点〟となる。

密度無限大の点とはすなわちブラックホールの「特異点」のことだ。宇宙誕生についてのビッグバン宇宙論では、そもそもこの宇宙は特異点から突如誕生したとしている（56ページ記事参照）。それと同質のものがここにも出現したのだ。巨大な星は死して中性子星を残し、さらに巨大な星はブラックホールを残す——壮大な超新星の物理学はこのように予言している。●

注4➤縮退圧　中性子星の内部では、中性子どうしが反発しあって生まれる外向きの力とそれを重力で押しつぶそうとする内向きの力が釣りあっている。このとき重力に抗して星を崩壊させないようにはたらく内部の圧力を「縮退圧」と呼ぶ。もし重力がまさって星が崩壊すればそれはブラックホールとなる。

column

「中性子星」という奇妙な小さな星

密度は角砂糖1個大で10億トン

巨大な星が超新星爆発を起こすと、その外層が宇宙空間に吹き飛んだあとの残り物（中心核）が、きわめて高密度で小さな天体となって残される。これが宇宙でもっとも奇妙な星「中性子星」である。

中性子星の質量は太陽の1.4〜2.1倍に達するが、直径はわずか10〜15kmと小惑星ほどしかない。なぜこんな天体が出現するのか？　それは、超新星爆発の後に残された中心核が考えられるかぎりの最大密度に圧縮された結果である。その小さな星はほとんどがぎゅうぎゅうづめの中性子からなり、にもかかわらず重力はとてつもなく強大、そして毎秒数百回転という超スピードで自転する。

アメリカのSF作家ロバート・フォワードは中性子星の生物をテーマにした小説『竜の卵』を書いている。

ブラックホールの最新物理学

銀河中心はすべてブラックホール?

「事象の地平線」の中の奇妙な世界

　ブラックホールの名を知らない人はほとんどいないに違いない。だがブラックホールが直接観測されたことはいちどもなく（現象的にはあるが）、本当に存在するのかという疑問をもたれてもおかしくない。ちなみにブラックホールはアインシュタインの一般相対性理論（14ページ参照）が存在を予言した天体である。アインシュタイン自身はそのような天体を予想してはいなかったが。

　この理論が当初予想したブラックホールには、後に登場する「量子効果」（量子重力。**注1**）が加味されていなかった。そのためブラックホールが誕生するにはとんでもなく長い時間がかかるとされていた。しかし修正された理論では、条件が整えばブラックホールは非常に短時間に、あたかも突然のように出現することになった。

　その条件はひとつではない。もっとも起こりやすい誕生プロセスは、前項で見たような巨星や超巨星がその寿命の終わりに引き起こす「重力崩壊」である。星の中心核が燃料を使いつくしたとき、その星は自らの強大な重力に耐えられなくなり、中心部に生じる「シュヴァルツシルト半径」（**注2**）の内側へと落下する。こうしてすべての物質が押し込まれた中心部は「密度が無限大で体積がゼロの特異点」となる。ブラックホールの出現である。

　一般相対性理論によれば、重力崩壊によって生まれたブラックホールの特異点は「事象の地平線（地平面）」（**図4**）に囲まれている。この地平線は〝情報伝達の境界面〟であり、内部の情報（光も）がそこから外に抜け出ることは一切できない。

　他方、外からの物質がブラックホールの強大な重力に引き寄せられてこの地平線を越えると、それは特異点に呑み込まれる以外の道がない。どれほど大量の物質がこのブラックホールに呑み込まれてもその運命は定まっており、二度と外に出ることはできない。ブラックホールから抜け出すには光速以上のスピードが必要だが、それは理論的にもあり得ないことだ。

ブラックホールを観測する方法はあるか?

　こうした性質のため、外宇宙から観測するとブラックホールはただの暗黒空間でしかなく、直接観測は不可能である。

　だが間接的な方法なら観測できる。それは、ブラックホールが周辺の物質や光に与える〝影響〟を観測するという方法である。たとえばブラックホールはしばしばその周囲に「降着円盤」をつくり出す。これは、周囲のガス物質がブラックホールに向けてらせんを描きながら落下し、その周囲に回転する高温の円盤を形成するというものだ。そこでこの円盤が放出する強力なX線を観測する。NASAは「チャンドラX線観測衛星」（**図1**）を使ってこの降着円盤を探しており、ブラックホールについての重要な情報を集めている。

　ほかにも、降着円盤が出すであろう電波や重力波（時空のさざ波）を観測したり、周辺の天体がブラックホールの重力に影響されて示すはずの奇妙な動きを観測する手法もある。

図1⬇チャンドラX線観測衛星。

図2⬇地球から5500万光年のおとめ座銀河団にある巨大な楕円銀河M87。その中心には太陽質量の65億倍という超巨大なブラックホールが存在する。これはX線画像と電波映像の合成。

イラスト／NASA/CXC/SAO　写真／X-ray : NASA/CXC/IPAC/N. Werner et al.　Radio : NSF/NRAO/AUI/W. Cotton

最近では、ブラックホールの近くを通過した光が強力な重力によってリング状にねじ曲げられている様子をとらえた観測映像も公開されている。

SFなどで人類が送り込んだ宇宙船がブラックホールに近づいて呑み込まれるという話を見るが、より正しくは、粉々に引き裂かれて降着円盤に吸い込まれるというべきかもしれない。

ブラックホールが消滅するという予言

ブラックホールにもさまざまなタイプがある。それは元の天体の質量の大きさによって生じる。太陽の質量の8倍以上の巨星や超巨星から生まれたブラックホールは普通の、ないし小さいブラックホールである。

他方、銀河の中心にはしばしば太陽質量の何百万～何十億倍という想像を絶する巨大質量のブラックホールが存在すると見られている。われわれの銀河系の中心もそのような超巨大質量のブラックホールに変身しているらしい。

ちなみに、〝ブラックホールは消滅する〟という「ホーキング放射」についても触れねばならない。

これは車椅子の物理学者スティーブン・ホーキング（62ページ）の置き土産である。彼はすでに1974年に、ブラックホールは完全にブラックではなく、長い年月の間にある種の放射を生み出すという説を公表した。

この放射は、〈量子力学の不確定性原理〈**注3**〉が予言する量子ゆらぎによって〉事象の地平線の近くで「粒子と反粒子が一時的なペアとして生じ、ただちに対消滅を起こして消えてしまう」というものだ（**図5**）。

彼によれば、このとき事象の地平線の近くでは、ペアの一方の粒子はブラックホールに吸い込まれ、他方の粒子は宇宙に逃げる。そしてわれわれは逃げた粒子を観測できるはずだと。後にこの現象は「ホーキング放射」と呼ばれることになった。

ホーキングのこの予言が真実か否かは容易に判断できそうにない。だが実際にホーキング放射によって粒子の一方が事象の地平線から外宇宙へ逃げ出し続けるなら（図5）、ブラックホールははるかな（何千億年もの！）未来には消滅する可能性があることとなる。

ちなみに、いまの時点でブラックホールの最有力候補とされているのははくちょう座X－1（**図3**）、およびわれわれの銀河系の超巨大質量の中心核である。●

イラスト／NASA/CXC/M.Weiss

図3 ⬆地球にもっとも近いブラックホールのひとつ「はくちょう座X-1」（想像図）は距離7240光年、質量は太陽の21倍。右側の青色超巨星と連星を形成。

図4 事象の地平線

特異点

事象の地平線

× 特異点

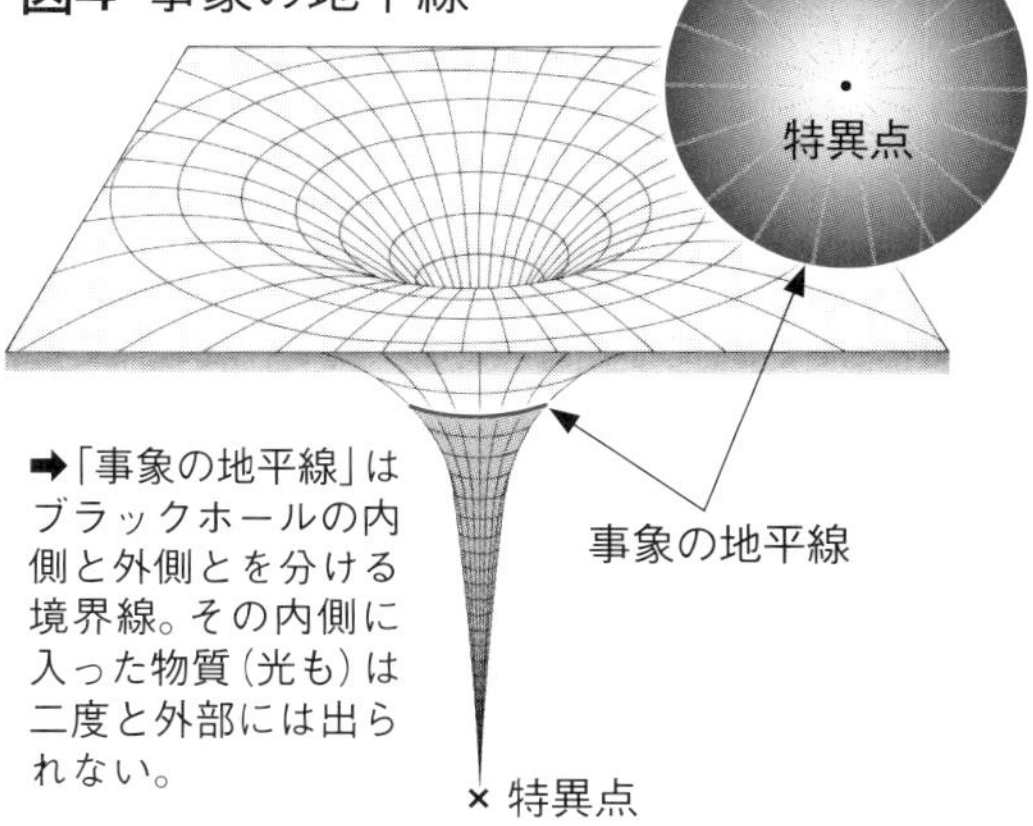

➡「事象の地平線」はブラックホールの内側と外側とを分ける境界線。その内側に入った物質（光も）は二度と外部には出られない。

図5 ホーキング放射

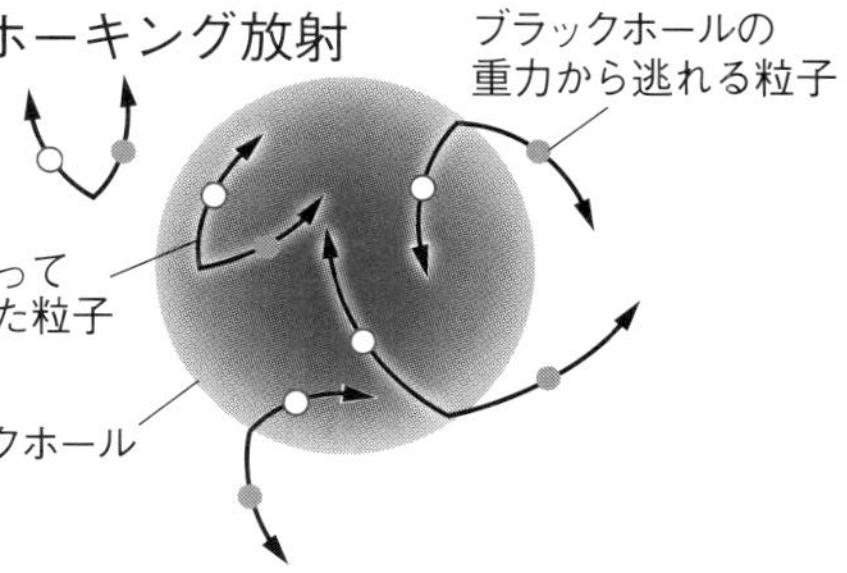

ブラックホールの重力から逃れる粒子

対になって生まれた粒子

ブラックホールの境界

⬆「ホーキング放射」が起こっているならブラックホールはいつかは消滅することになる。

イラスト（上も）／矢沢サイエンスオフィス

注1▼量子効果（量子重力） 原子よりはるかに小さな粒子の世界（とびとびで確率的な値をとる）で作用する重力。一般相対性理論で見る重力を量子論的に理解することが物理学の究極の目標のひとつ。

注2▼シュヴァルツシルト半径 1916年にドイツのカール・シュヴァルツシルトがアインシュタインの重力場方程式の解を求めるときに発見した。非常に重く小さい星ではその星の中心からある半径の球面内では曲率が無限大となり、光も脱出できない曲がった時空が出現するというもの。これより小さい半径に収縮した天体をブラックホールと呼ぶ。

注3▼量子力学の不確定性原理 くわしくは22ページ記事参照。

暗黒エネルギーと暗黒物質の物理学

何も見えない、だがそれでも存在する?

ハーバード大学の2人の天文学者

この宇宙は何でできていると思うかと問われれば、たいていの人が「銀河や星、それに惑星でしょう?」とか「原子や分子やプラズマじゃないの?」と答えるかもしれない。どちらも妥当な答ではある。

だが現在の天文学の答はまったくそうではない。それは「宇宙のほとんどは暗黒エネルギーと暗黒物質です」となってしまう。何のことか?

最新の天文学的な見解では、宇宙の構成要素のじつに95%は暗黒エネルギーと暗黒物質とされている。他方で、われわれが宇宙の主役だと思ってきたふつうの物質(銀河や星々)はたったの5%だというのだ。いつからこんなことになったのか?

天文学者たちがこれらの存在を確信するに至った経緯は次のようなものだ。

まず暗黒エネルギー(ダークエネルギー)。ネーミングに暗黒などという語を使っているのは怪しげな印象を拭えない。だがこれは、正体不明で、どんな高性能の望遠鏡を使っても見えない、つまり光をいっさい出さない存在への命名なので、妥当というものだ。1990年代後半にこの名を提案したのはロバート・キルシュナーとマイケル・ターナーというハーバード大学の2人の天文学者である。

とりわけキルシュナー(**図2**)は〝ハーバードのいかれた教授〟とあだ名されるほど奇抜な発想で知られていた。ちなみに90年代末に筆者のチームは彼にインタビューを申し込んで快諾され、その内容を翻訳掲載してもいる。

なぜキルシュナーに注目したかと言えば、彼が当時、世界中の天文学者が想像もしなかった〝発見〟についての論文を公表し、それを筆者らが目にしたからだ。このインタビューを日本で公表するまで、国内ではごくわずかな人々しかその突拍子もない内容を目にしてはいなかったと思う。

彼らは、はるか遠方の多数の超新星を観測して得たデータから、「宇宙の膨張(**注1**)は加速している」と結論した。ここで言う観測データとは、個々の天体がわれわれから、そして他の天体から遠ざかる速度を示す「赤方偏移」(後述)のデータのことだ。天体の示す赤方偏移が大きいほど、それが遠ざかる速度は速いと解釈される(**図1**)。

ちなみにここで言う膨張速度は、ある天体が宇宙空間を飛び去っていくスピードのことではなく、その天体を含む〝空間そのもの〟が風船のように膨れていくことによって生じる速さである。

また〝膨張が加速〟とは、もともと膨張しつつある空間の膨張のしかたが時間とともにさらに加速していくという意味だ。

なぜ宇宙膨張は加速しているのか?

宇宙の膨張速度というとき、それはビッグバン宇宙論にもとづいている。そこでは遠い銀河

注1➤宇宙の膨張の意味　宇宙が爆発的に誕生して膨張していると聞くと、水素ガスや核爆弾などが爆発して膨張する様子を想像する。しかし宇宙膨張はこれとはまったく異なり、目に見えない空間そのものが広がることを意味する。空間の膨張によって銀河や星々などの間の距離が増加するのである。

(天体)ほど後退速度は速い。
ビッグバン宇宙論が定義する膨張速度は「ハッブル定数」がもとになっており、その定数は現在のところ1メガパーセク(約326万光年)につき秒速65～75㎞(次ページ**コラム**)。

ハッブルは、世界ではじめて遠ざかる銀河の〝赤方偏移の差〟によって宇宙膨張を示したエドウィン・ハッブルに由来する。そもそも彼のこの観測なくしては、現在のビッグバン宇宙論は生まれることがなかった。

赤方偏移——それは、はるか遠方の銀河の放つ光の波長が宇宙膨張によって引き伸ばされ、その結果、銀河がやや赤みを帯びて観測される現象(ドップラー効果)である。

赤方偏移の大きさを決めるおもな要素は次の2つである。

①銀河の後退速度(地球から遠ざかる速度)
②宇宙の膨張率

前記のハッブル定数は、これらのうち銀河の後退速度と銀河までの距離は比例関係にあることが前提となっている。これをひっくり返すと、銀河までの距離にハッブル定数を掛ければ後退速度が出ることになる。

ただしハッブル定数はこれまでたびたび修正されてきており、いまでも満足のいく数値は出されていないところが問題——むしろ大問題ではある。理論値と観測値が10%近くもずれており、それはわれわれの宇宙像をすっかり変えてしまいかねないからだ(**注2**)。この混乱状態は〝ハッブル・テンション〟と呼ばれている。

ともあれキルシュナーらの観測結果では、はるか遠い超新星の後退速度は、ビッグバン理論が予言する宇宙の膨張速度を上回っていた。これはビッグバン

図1

ビッグバン
波長の増大
時間経過による膨張
1波長
1波長
1波長

コラム 宇宙の膨張と赤方偏移

これは宇宙膨張によって赤方偏移がどのように生じるかを描いている。宇宙が膨張すると空間が引き伸ばされるので、空間を通る光の波長も引き伸ばされる、つまり赤方偏移する。空間が引き伸ばされるほど光は長い距離を走り、より大きく赤方偏移することになる。

イラスト／NASA/ESA/Leah Hustak (STScI)

図2 ⬅⬇ロバート・キルシュナー(左)の観測によるはるか遠くの超新星の距離(赤方偏移)と宇宙の物質密度(従来の宇宙論では宇宙の膨張速度を決定)の関係グラフ。水平線は従来の宇宙論にもとづく理論値。右側に集まった観測値(丸印)は理論値から大きくはずれ、現実の宇宙が"加速膨張"と宇宙定数を必要とすることがわかる。

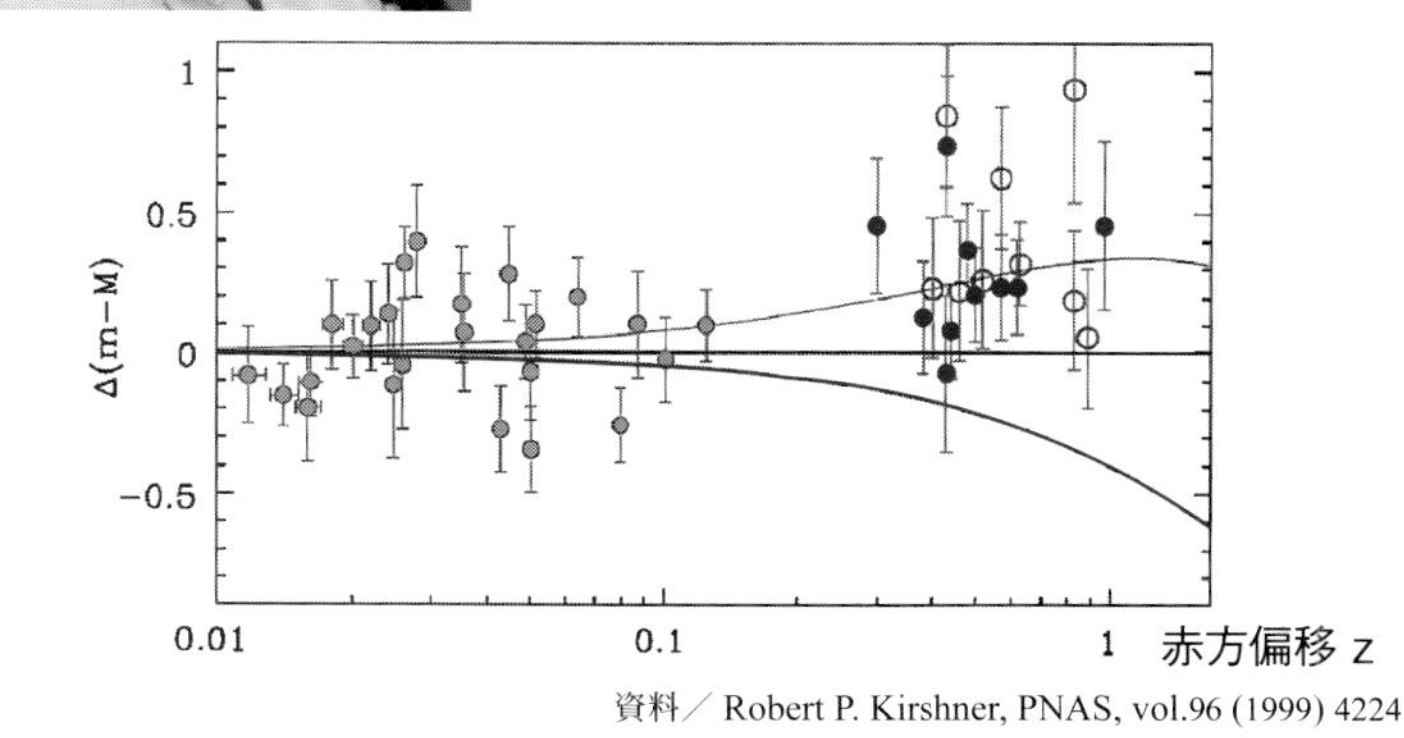

資料／Robert P. Kirshner, PNAS, vol.96 (1999) 4224

注2➤ここで理論値とは宇宙背景放射の観測データ(プランク衛星など)を理論にあてはめて算出したハッブル定数。観測値は天体の直接的観測データによる。

理論の予言とはとんでもなく整合性を欠いている。

そこで世界の天文学者たちは、この観測結果に合致する仮説的解答を生み出した。そしていまではそれが天文学者たちの（当面の）合意ともなっている。

その解答とは、宇宙にはわれわれが観測できない膨大なエネルギーが存在し、それが宇宙膨張を加速させているというものだ。そのエネルギーは光をまったく発していないので〝暗黒〟のエネルギーである……。

驚くべきは暗黒エネルギーの量である。計算上、全宇宙の総エネルギーの68％に達するというのだ。これだけでも人間には目もくらむ数値である。われわれが知っていると思ってきた銀河や星々などからなる宇宙は何だったのかと思わざるをえない。68％という数値は、宇宙の加速膨張が減速し、さらには収縮に転じることがないための必要量としてはじき出された。だがいったいその正体は何か？

これまでに暗黒エネルギーの正体としていくつかの候補があがった（左ページ**表1**）。だがどれも説得性に欠けていた。

もっともよく議論されているのは、もともとアインシュタインが一般相対性理論の中で提案していた「宇宙定数」なるものだ。これは宇宙全体に分布して膨張を加速させる一定不変のエネルギー密度のことだ。

ほかにも、宇宙全体に広がる（重力場のような）〝場〟が時間とともに進化するという仮説もある。クインテセンスと呼ばれる。重力はもともと定数（重力定数）ではなく、宇宙の進化に合わせて変化するという見方が出てきてもおかしくはない。そうなると、宇宙論そのものが大きな修正を迫られそうではある。

銀河の質量の大部分は暗黒物質？

一方、暗黒物質には、同じように観測不能ではあるものの、わずかながら現実味があるかも

コラム ハッブル定数とは？

天体が観測者から遠ざかる（または観測者に近づく）速度

$$H_0 = \frac{\text{視線速度（km/秒）}}{\text{距離（Mpc）}}$$

Mpc：メガパーセク（1Mpc＝約326万光年）

図3 ⬆宇宙の膨張速度の計算根拠は「ハッブル定数」をもとにしている。しかしこの定数は過去100年近くの間に頻繁に修正されてきており（図５参照）、最新の定数もまた修正される可能性が高い。修正されるたびにわれわれの宇宙像も変わることになる。

図4 ハッブル・ダイアグラム

1パーセク＝約 3.26 光年

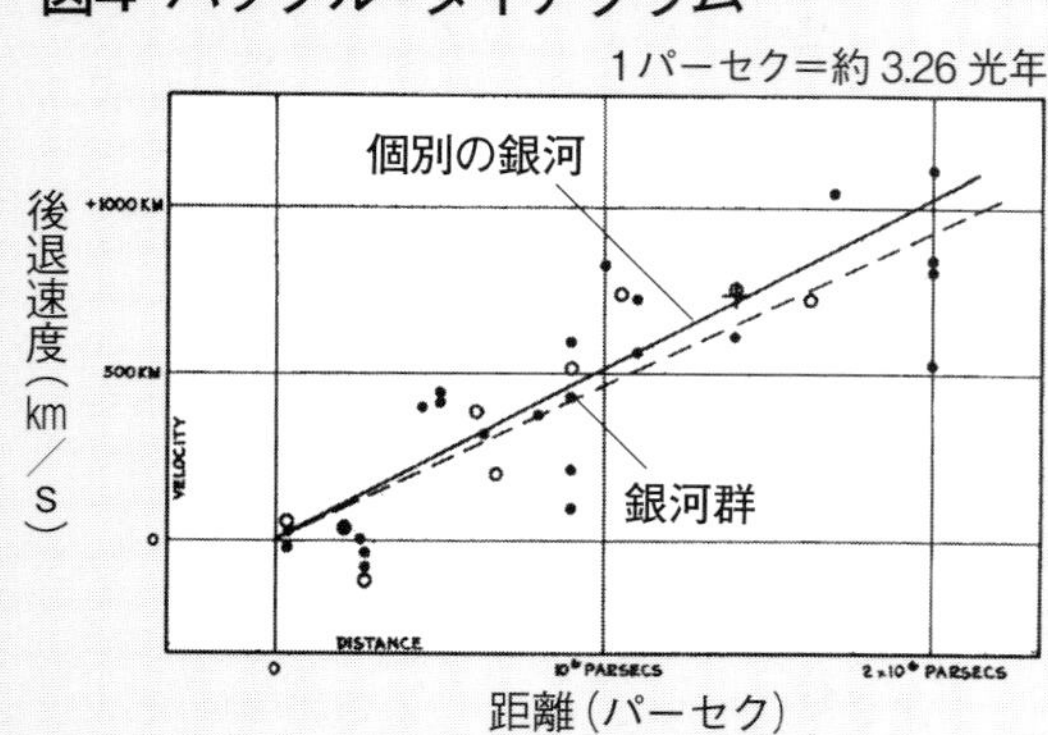

⬆ハッブルが自らの観測から導いた遠い銀河までの距離と赤方偏移の関係。遠い銀河ほど赤方偏移が大きく、われわれからより速く遠ざかっていることを示している。これは宇宙膨張の世界初の証拠とされた。

出典／E. Hubble, PNAS (1929)

図5 ハッブル定数の変化（2001年以降）

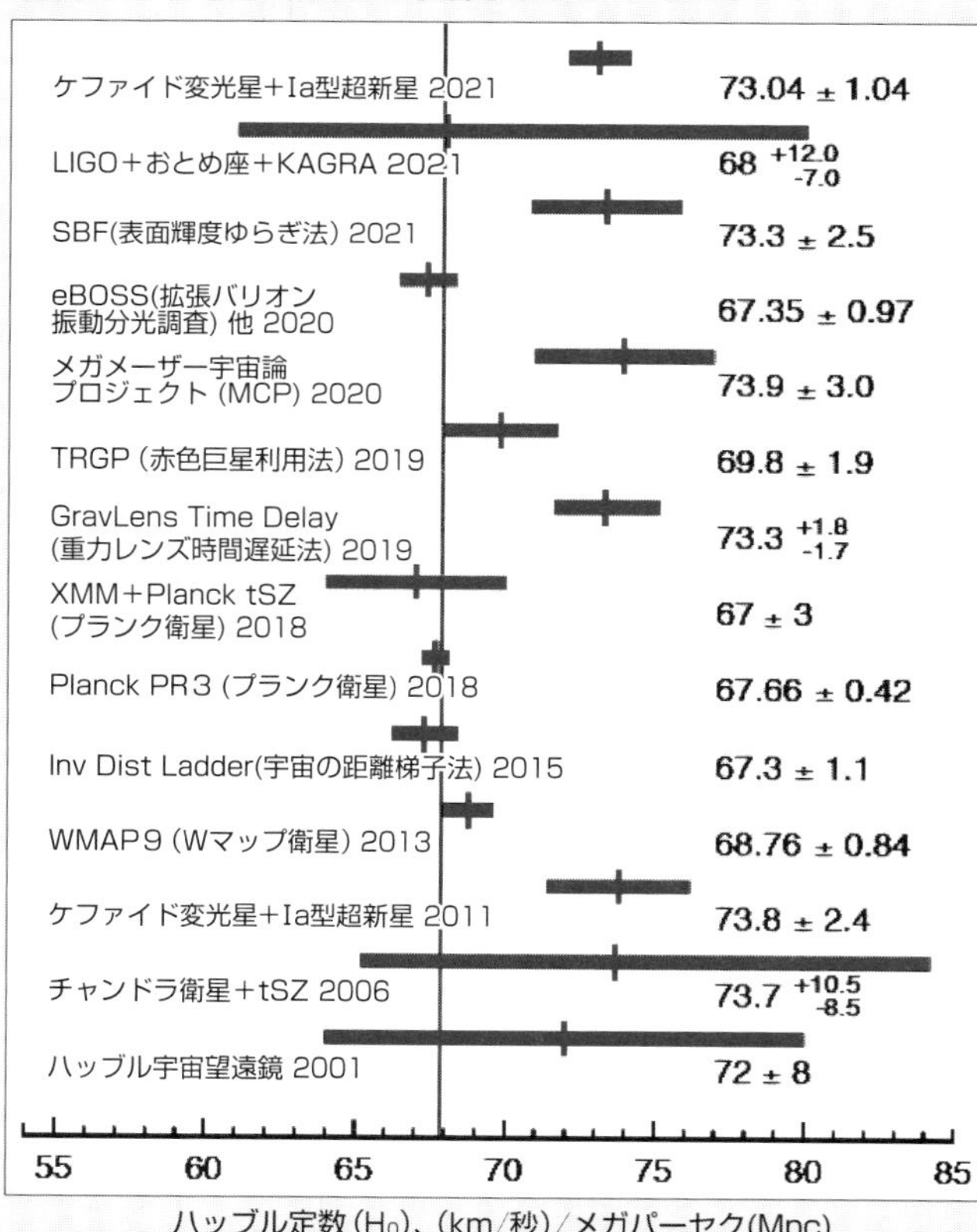

⬆エドウィン・ハッブルが1929年に最初に報告したハッブル定数はメガパーセクあたり毎秒約500㎞（＝500㎞/s/Mpc）。以来約１世紀の間に測定法の進歩によりこの数値は何十回も修正され、現在は65〜75㎞/s/Mpcとなっている。表の左側は観測計画の手法・名称。

資料／NASA

しれない。暗黒物質の存在が議論され出したのは、われわれの銀河系（天の川銀河）の奇妙な回転運動からである（**図6**）。

銀河は回転している。銀河系の場合は2億4000万年で1周していると見られている。われわれの太陽系の位置で見ると毎秒230万㎞というとんでもない速さである。

しかし問題がある。銀河全体の質量の大半は（重力に引かれて）銀河中心部に集まっており、銀河が回転する際には中心側が外周部より速く回転しているはずである。そして、もし銀河の外周部が高速で回れば、そこに存在する星々などは（わが太陽系も）遠心力によって銀河系外へ飛び出してしまうであろう。ところがそうなってはいない。銀河系は中心付近も外周部もほぼ等速で回転している。なぜか？

そこで仮説が登場した。それは、銀河は目で見える物質だけで成り立っているのではなく、膨大な量の目に見えない物質、つまり暗黒物質をも含んでいるというのだ。計算ではそれは目に見える物質の5倍、宇宙全体の27％にも達するはずだという。われわれの知っている星々や惑星は片隅に追いやられてしまうほどの量だ。

だがこれまでそれらしき物質（質量）をいくら探しても見つかっていない。それは光をはじめどんな電磁波とも相互作用しないのだから、光学望遠鏡や電波望遠鏡で観測しても見つかるはずもない。

天文学者たちは候補となる物質をあれこれ考えたが、いままでにこれだというものは見つかっていない。候補として提案されたものには、ウィンプス、アクシオン、ステライルニュートリノ（表1）などという聞いたこともない奇妙な名前が並んだ。どれも普通の物質や基本的力とほとんど相互作用しないという条件のもとに考えられたものだ。

暗黒エネルギーも暗黒物質も、それらの性質がもっと明確にならなければ探しようもない。そのため物理学者や天文学者たちにとり、これらは21世紀の最先端かつ最大の研究テーマとなっている。読者も彼らの列に加わってみてはどうだろうか？ ●

表1 暗黒エネルギーと暗黒物質の候補

暗黒エネルギーの候補	
宇宙定数	アインシュタインが一般相対性理論の方程式を修正するために考え出したもの（Λ:ラムダ）で、空間を満たして斥力（反発力）として作用し、宇宙膨張を加速させる。
クインテセンス	動的で進化する性質をもつ暗黒エネルギー。時間と空間によって変化し、宇宙の膨張率の変化を引き起こす。
修正重力理論	いまの宇宙スケールの重力の理解は不完全であり、一般相対性理論の重力場方程式の修正によって宇宙の加速膨張を説明できるかもしれない。
余剰次元	空間の3次元と時間の1次元を超えた余分な次元が存在する可能性を論じる。余剰次元が宇宙膨張と暗黒エネルギーの性質に影響を与えるかもしれない。
エキゾチック粒子 エキゾチック場	未知の粒子または未知の場が関係しているとする。高エネルギー加速器実験や天体物理観測で探索されている。
重力波	宇宙の膨張に重力波が影響しているかもとする見方。暗黒エネルギーの性質について新たな洞察を提供する可能性も。
暗黒物質の候補	
ウィンプス（WIMPs）	弱い力と重力を介して相互作用するとされる粒子。多くの検出実験が行われたが確認されていない。
アクシオン	他の物質と非常に弱く相互作用する仮想的な粒子。
MACHO（マチョ）	ブラックホールや褐色矮星、あるいは暗黒物質の一部を構成しているかもしれない巨大惑星のような天体。部分的にしか説明できない。
その他	グラビティーノなどの超対称粒子、ダークフォトン、余剰次元の粒子など。

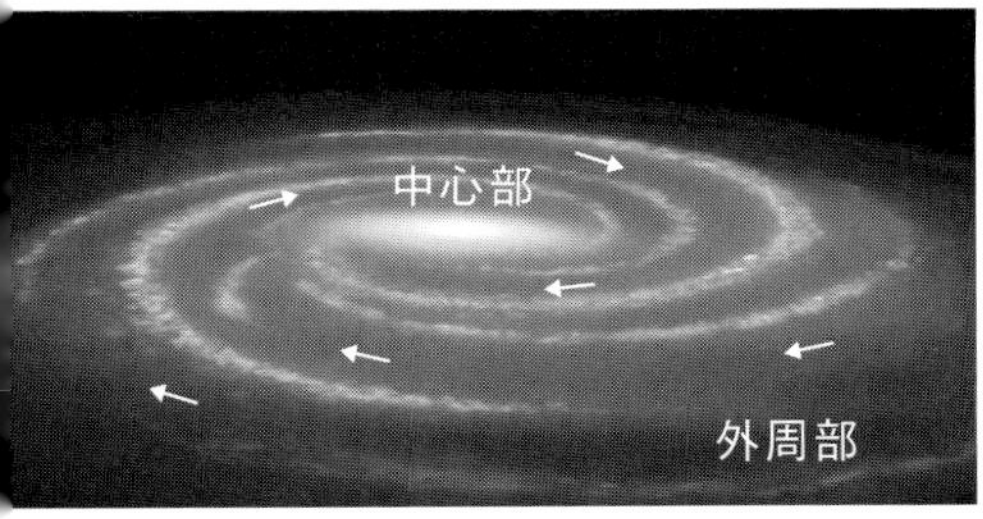

図6 ←回転する銀河は奇妙な特徴を見せる。速いはずの中心部とこれより遅れるはずの外周部がまったく同じ速度で回っているのだ。これを可能にするには何らかの未知の物質（暗黒物質）の存在が不可欠になる。

画像／NASA/JPL-Caltech

豆知識 「暗黒物質」の命名者 暗黒物質という語を考え出したのはスイスの天文学者フリッツ・ツヴィッキー（1930年）。彼は3億光年の距離にあるかみのけ座銀河団を観測していて、その中の銀河の通常の質量がその重力に対して大きく不足していることを発見した。そして見えない不足分の質量を「暗黒物質（ダークマター）」と呼んだ。

「ビッグバン宇宙論」の物理学

それでも宇宙の誕生と進化の謎は解けない？

宇宙論とはどんな理論か？

宇宙論と聞くと、古代文明やどこかの国の創造神話に登場する天地開闢（かいびゃく）の物語のように聞こえるかもしれない。しかしここで言う宇宙論――英語ではコズモロジー――は完全に科学的な物理学のテーマである。

宇宙論は、宇宙の誕生と進化、それに構造を研究するもっとも壮大な物理学分野である。そこでは〝宇宙論学者〟と呼ばれる人々（物理学者や天文学者）が、宇宙がいつどのように誕生し、どんな構造を生み出し、いまの姿へと進化したかを矛盾なく理解・説明しようとしている。

歴史上の古い宇宙論は別として、ここで注目するのは20世紀に生み出された現在の宇宙論で、その主役は「ビッグバン宇宙論」である。

だが、現在の宇宙論学者や天文学者の大多数は受け入れていないものの、宇宙論はビッグバン宇宙論以外にもいろいろある。「ビッグバウンス宇宙論（振動宇宙論）」「エキピロティック宇宙論」「プラズマ宇宙論」「定常宇宙論」などだ（58ページ**図5**）。

ビッグバン理論を単純に受け入れたくないと考える読者がいるなら、他の宇宙論にも目を向け、どれが真実らしいかを公平に考えてみるのが真の科学的態度ではなかろうか。

アインシュタインの「静止宇宙」はひっくり返された

現代的な宇宙論が最初に登場したのは1917年、アインシュタインが自らの一般相対性理論を宇宙全体にあてはめてみたときである。彼はこのとき、宇宙の見方としてひとつの原則を立てた。それは、この宇宙はどこまで行っても「一様」かつ「等方」というものだ。そしてこれを「宇宙原理」と呼んだ。

アインシュタインの見方にはいまひとつの前提があった。それは「宇宙は完全に静止している」というものだった。もし宇宙が運動をしているなら、場所によって物質密度が変化し、密度が高くなりすぎたところは重力収縮を起こしてつぶれてしまう、というのである。つまりアインシュタインは宇宙は永遠の過去から存在し、永遠に静止している（静止宇宙）と考え、そ

宇宙論の登場

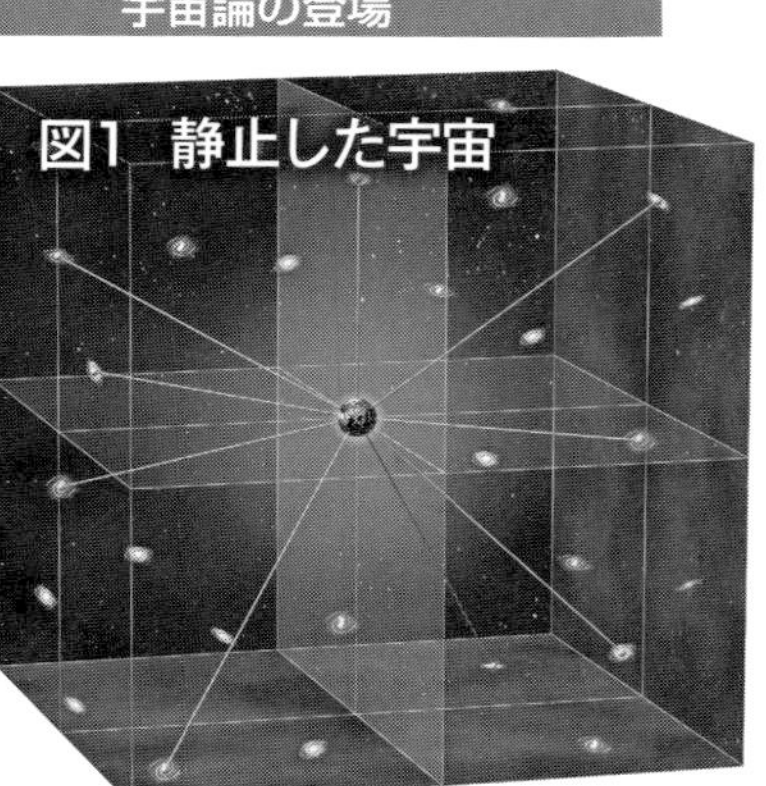

⬆一般相対性理論の上に立つと宇宙は自らの重力によってつぶれてしまう。そこでアインシュタインは、空間を膨張させる未知の力（宇宙定数Λ〈ラムダ〉）が存在し、重力とこの定数の均衡によって宇宙は永遠に静止していると考えたが――　作図／細江道義

宇宙膨張の発見

図2 ⬆➡エドウィン・ハッブルはウィルソン山天文台のフッカー望遠鏡（カリフォルニア。右）での観測から宇宙が膨張している証拠を発見した。それが、現在のビッグバン宇宙論の誕生を導くきっかけとなった。

写真左／Hale Observatories/AIP/矢沢サイエンスオフィス　右／Ken Spencer

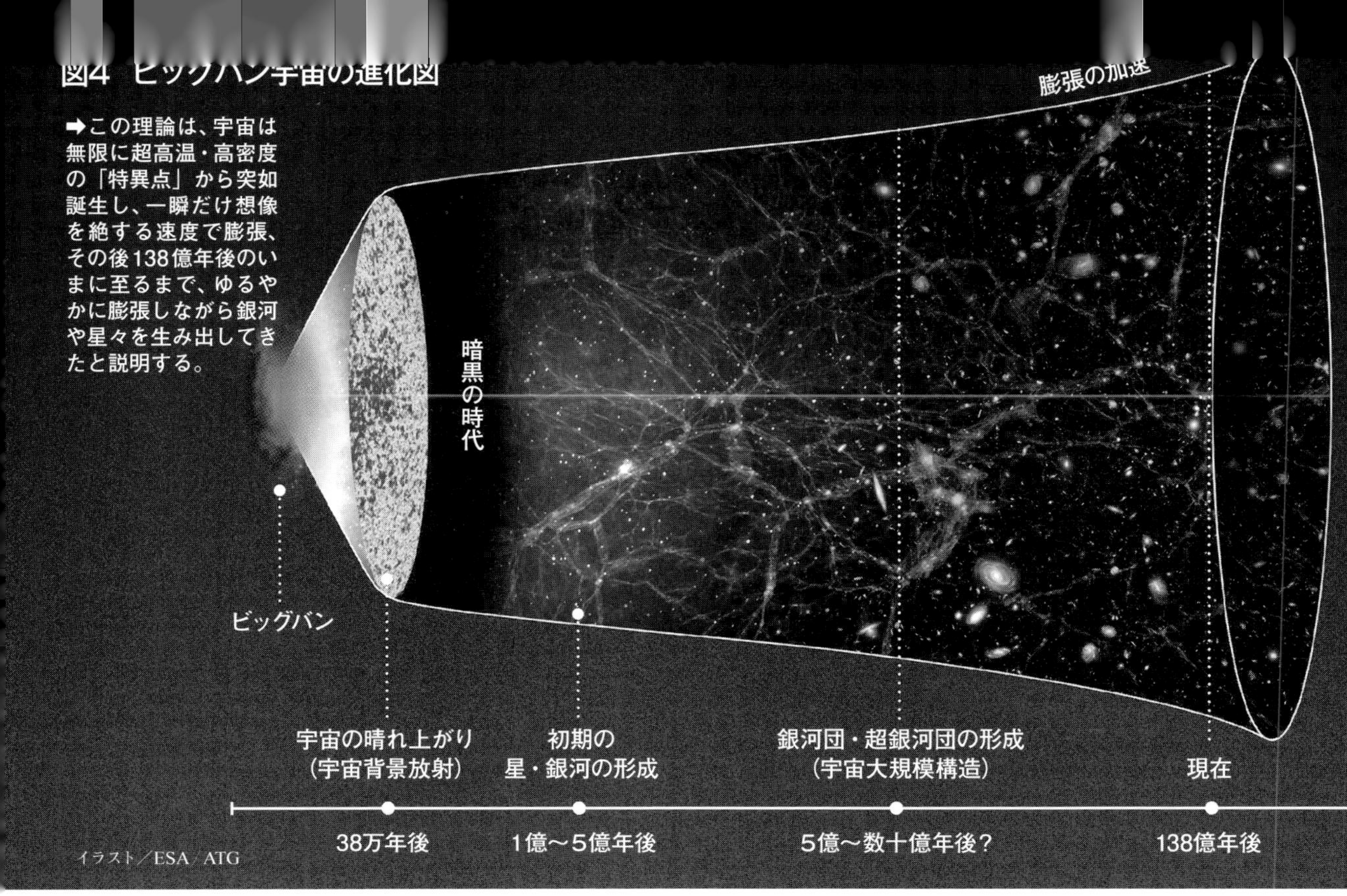

図4 ビッグバン宇宙の進化図

➡この理論は、宇宙は無限に超高温・高密度の「特異点」から突如誕生し、一瞬だけ想像を絶する速度で膨張、その後138億年後のいまに至るまで、ゆるやかに膨張しながら銀河や星々を生み出してきたと説明する。

れに沿って宇宙論を展開したのである（**図1**）。

だがこの見方はまもなく、後に〝20世紀最大の天文学者〟と呼ばれることになる男の観測によって崩れてしまう。その天文学者はエドウィン・ハッブル（**図2**）。

読者は、NASAが1990年代に地球軌道に打ち上げて以来、人間が想像もできなかった多様な宇宙観測の成果をもたらした「ハッブル宇宙望遠鏡」を知っているかもしれない。この宇宙望遠鏡はエドウィン・ハッブルに敬意を表して命名されたものだ（筆者はこの望遠鏡を建造中だったワシントン郊外のNASAゴダード宇宙飛行センターを訪れたことがある）。

ハッブルは、ウィルソン山天文台（カリフォルニア州。図2）の当時世界最大の望遠鏡を使い、非常に遠方の、われわれの銀河系の外にある銀河（系外銀河）を多数観測し、それらの光が「赤方偏移」（**注1**）していることを発見した。それも、われわれの銀河系から遠い銀河ほど赤方偏移が大きい――つまりより速い速度でわれわれから遠ざかっていることに気づいた。

この発見は、その後の人間のもつ宇宙像を完全にひっくり返すことになった。つまり宇宙は、（アインシュタインが考えたように）静止しているのではなく、全体がたえず膨張している、言葉を変えると無限大に大きな風船のように膨らみ続けていることがわかったのだ。

ビッグバン宇宙の登場

それからまもない1931年、宇宙の姿についての根本的な見方（宇宙観、宇宙論）が予想もしなかった方角へと一変することになった。それによれば、宇宙は〝原始的原子〟なるものか

図3 ⬆ジョルジュ・ルメートルはアインシュタインの一般相対性理論から出発し、この宇宙は“原始的原子”から生まれ、膨張していまのような姿になったとするビッグバン宇宙論の骨格を考え出した。 写真／AIP

注1➤赤方偏移 はるか遠方の銀河からやってくる光は、その波長が長いほう（赤い側）にずれて観測される。これは銀河が地球から遠ざかる方向に運動しているために波長が引き伸ばされるドップラー効果によって生じる。赤方偏移が大きいほど天体は遠方にあるとされ、天文学における距離の尺度となっている（52ページ記事も参照）。

ら突如として誕生し、膨張しながらいま見る無限の広がりへと進化したというのだ。

これを発表したのは、ベルギーの宇宙論学者でカトリックの司祭でもあったジョルジュ・ルメートル（前ページ**図3**）である。

ルメートルの見方はその後、彼に続く他の宇宙論学者や物理学者たちによって修正あるいは洗練され、21世紀のいまも世界の大半の研究者に支持されているいわゆる「ビッグバン宇宙論」（**図4**）となったのである。

インフレーション理論は「余計なお世話」？

現在のビッグバン理論はこう説明する。

いまから138億年ほど前、人間の想像力を超えるほど超高温かつ超高密度の点（特異点。物理法則がすべて崩壊する空間）が突如爆発的に膨張し、宇宙が誕生した。以後、その小さな宇宙はたえず膨張し続け、温度と密度が下がるにつれてエネルギ

図5 ビッグバン宇宙論以外の宇宙論

定常宇宙論

宇宙はどこまでも膨張し続け、同時に物質がたえず生み出されているため宇宙の密度は変化しない。宇宙には始まりも終わりもなく、いつどこで観測しても平均密度は同じであり、あらゆる年齢の銀河が同時に存在する。1950年代に宇宙背景放射が発見されると、多くの宇宙論学者はこの理論から離れてビッグバン理論を支持するようになった。

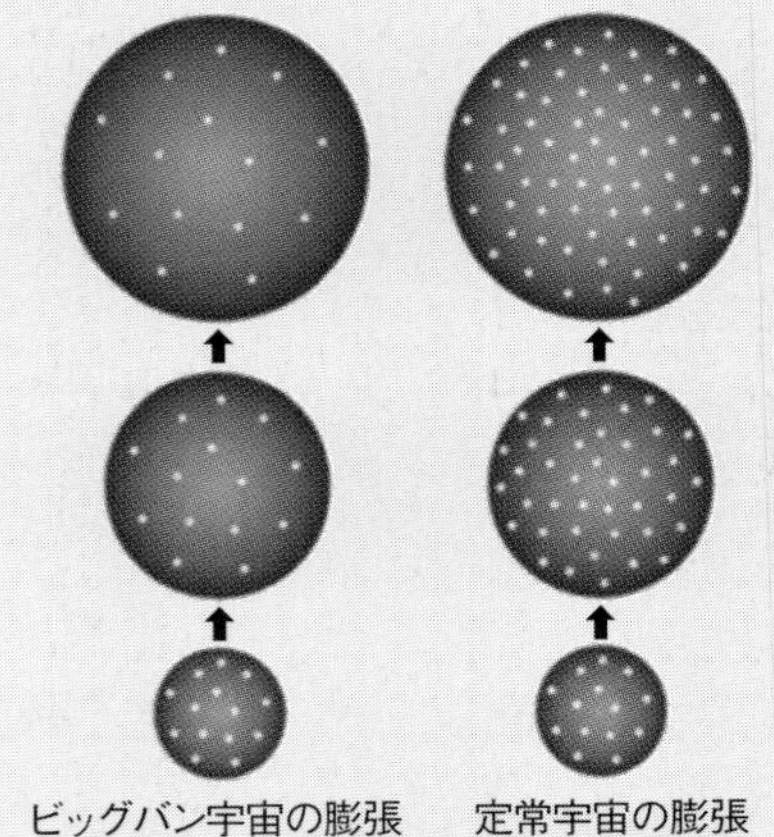

プラズマ宇宙論

（ビッグバン理論は重力のみで進化する宇宙を考えるが）、宇宙のバリオン物質の99.9%はプラズマである。そこでこの理論はバリオン物質の電磁気力による宇宙進化を考える。宇宙に始まりはなく、電磁気力と重力の壮大な相互作用によって進化するとする。ビッグバン理論が要請する数学的で仮想的な暗黒エネルギーや暗黒物質を必要としないが、支持者は多くない。

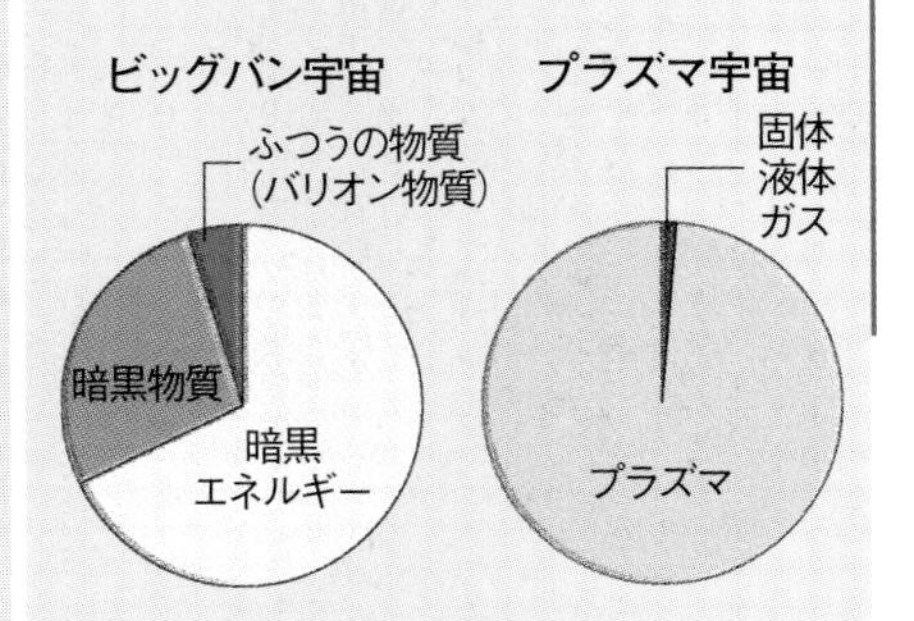

⬆ビッグバン宇宙論は数学的推測と仮想の暗黒エネルギーおよび暗黒物質に依存し、他方プラズマ宇宙論は現実のプラズマを前提としている。

エキピロティック宇宙論

ビッグバンで生まれたエネルギーは4次元時空においてではなく、重力も含めた高次元時空に存在するブレーンワールド（4次元時空の膜宇宙）どうしの衝突の結果だとする。場の理論や素粒子の理論から生まれた最新の宇宙論。宇宙進化が進むとしだいにビッグバン宇宙と重なる。

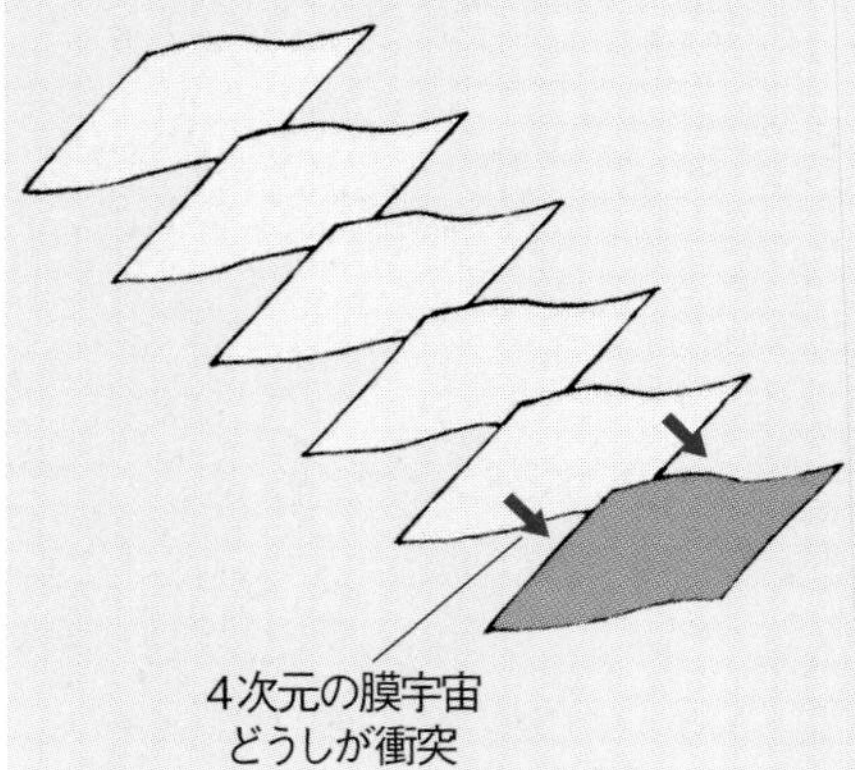

ビッグバウンス宇宙論

宇宙はただいちどのビッグバンから誕生したのではなく、それ以前の宇宙の膨張が収縮（ビッグクランチ）に転じ、特異点に達せずに跳ね返り（バウンス）、新たな膨張を始める。これは「弦理論」を基礎におきビッグバン理論の困難を解消する理論として生まれた。振動宇宙論ともいう。

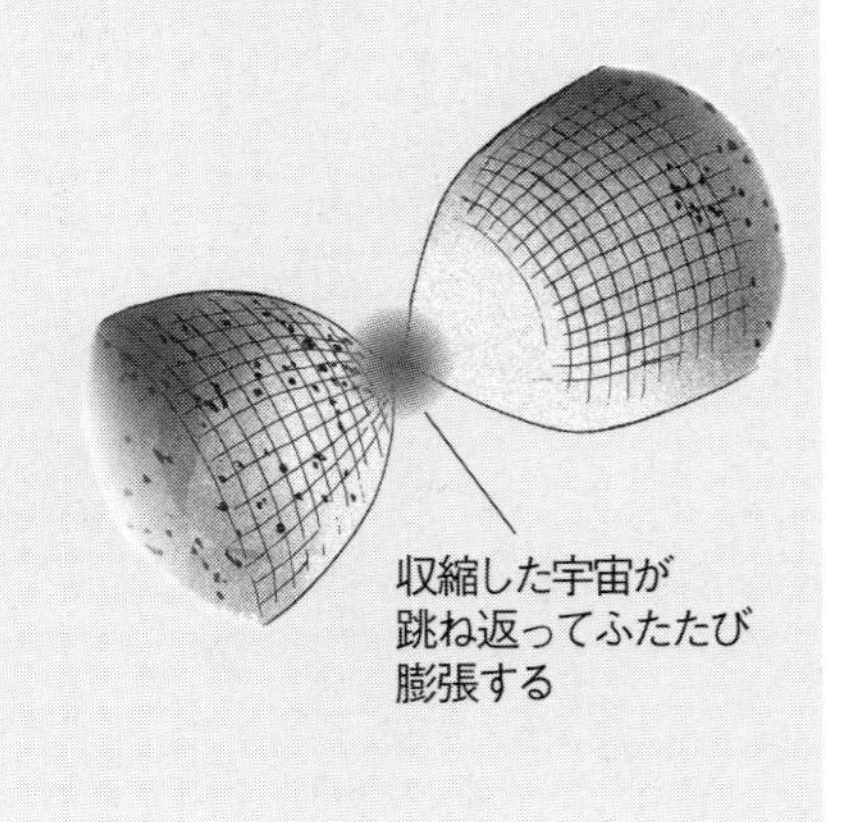

⬆これらのほかにも「多元宇宙論」「修正重力理論」などがある。

左下資料／Robert Roy Britt/Space.com
作成／矢沢サイエンスオフィス

図6⬆ビッグバン宇宙の証拠とされる「宇宙（マイクロ波）背景放射」の最初の兆候（1964年）を発見したアーノ・ペンジアス（右）とロバート・ウィルソン。　写真／AIP／矢沢サイエンスオフィス

図7⬆ビッグバン理論のもっとも強力な証拠とされる宇宙マイクロ波背景放射。全宇宙に広がる温度のわずかなゆらぎをとらえている。
写真／ESA and the Planck Collaboration

ーが物質（原子）に変わり、それらが星々を生み出し、さらに星々が集まって銀河を誕生させた――

　これまでに、この理論が正しいことを立証するように見える観測事実がいくつか見つかってもいる。とりわけ最強の証拠とされるものが「宇宙背景放射」だ（**図7**）。なぜこれが証拠になるのか？

　宇宙背景放射とは、誕生から約38万年後のいまだ非常に高温・高密度の宇宙が発していた放射のことだ。その放射は現在の宇宙にもかすかな残滓（マイクロ波放射）として残っているはずだと予想されていた――そしてそれは実際に観測され、ビッグバン理論を支持していた宇宙論学者たちを狂喜させることにもなった。

　当初このビッグバン理論には別の壁があった。それは、目に見えない特異点から突如として宇宙が生まれ、それが一瞬の後にわれわれの理解できるような宇宙になったという出来事をうまく説明できなかったのである。

　ところがこの疑問にひとつの回答が出された。1980年代はじめ、宇宙誕生の直後に〝インフレーション〟（**左コラム**）という大爆発（指数関数的な急速膨張）が起こり得ることを、一部の物理学者や宇宙論学者が主張したのだ（そのひとりに東京大学の佐藤勝彦がいる）。

　そこで、既存のビッグバン理論にこのインフレーション理論をはめ込めば、ビッグバン宇宙論は全体が矛盾なく成立するというものだった。いまの読者が宇宙の解説記事などで見聞きするビッグバン宇宙論は、ほぼ例外なくそのような内容になっているはずである。

　ちょっと横にそれるが、世界を代表するビッグバン宇宙論学者で、素粒子物理の分野であま

インフレーションはなぜ起こる？ column

　インフレーション理論とは、宇宙創生の10のマイナス36乗秒後から10のマイナス34乗秒後までの間に、エネルギーの高い真空状態から低エネルギーの真空状態へと相転移（次ページ**注3**）し、保持されていた真空のエネルギーが熱（転移熱）となって火の玉となり、ビッグバンを引き起こしたというものである。

図8⬆4つの力のうちの電磁気力と弱い力をはじめて統一（電弱統一理論。左の注参照）したスティーブン・ワインバーグ。世界を代表するビッグバン宇宙論学者でもあった。写真／Betsythedevine

注2➤電弱統一理論　自然界を支配する４つの基本的な力のうちの２つ、電磁気力と弱い力をひとつの見方で理解する理論。1972年にスティーブン・ワインバーグとアブドゥス・サラムが個々に提唱したのでワインバーグ=サラム理論とも（いずれもノーベル賞）。この理論が予想した弱い力を媒介する粒子（W粒子とZ粒子）の存在は後に実験で確認された。

りにも高名な物理学者にスティーブン・ワインバーグ（**図8**）がいる。彼は（アブドゥス・サラムと同時期に）自然界の〝4つの力〟のうちの電磁気力と弱い力を統一する「電弱統一理論（前ページ**注2**）」を完成させ（ノーベル賞）、1980年代のアメリカでは目もくらむばかりの科学界のスーパースターとなった。

筆者らは当時、炎天下のテキサス大学で彼にインタビューを行い、ビッグバン理論とインフレーション理論を合体させた宇宙論の妥当性を質問した。するとワインバーグはこう答えた——「（そんなものは）余計なお世話だ」

この時以来、筆者はビッグバン宇宙論について書くときにはいつも、このときのワインバーグの言葉を思い出さずにはいられなくなった。他のどんな宇宙論学者もワインバーグの輝ける知性を超えているように見えることが困難だからだ（彼はつい先頃死去した）。

ビッグバン宇宙論はどこへ行くのか？

ともかく、こうして誕生した宇宙は膨張につれて温度が下がっていき、誕生から38万年後、軽い原子が出現し、宇宙を満たしていた光が自由に飛び交うようになった。このとき宇宙はいまのように透明になった（〝宇宙の晴れ上がり〟という）。

それから何億年かの時間が流れる間に、重力により物質が集まって無数の星々が生まれ、それらが集まって銀河が誕生した——順序が逆でもかまわない——というその後の展開は前述したとおりだ。そして宇宙は誕生以来たえず膨張を続けてきたし、いまも休むことなく膨張している——この宇宙論は前述のようにいくつかの観測的証拠に支えられ、世界のほとんどの宇宙論学者や天文学者がこれを信じる状況となっている。

だがそれでも重大な疑問は残っている。たとえば、①宇宙の膨張速度のモノサシである「ハッブル定数」（54ページコラム参照）がなぜしばしば修正を迫られてきたのか、②宇宙年齢をはるかに上回る〝非常に年老いた星々〟が観測されていることは何を意味するのか、等々だ。

そしてこれを書いている2023年、こうした矛盾を踏まえて、実際の宇宙年齢はこれまでの定説である138億年の約2倍、つまり267億年だとする新説までもがBBCによって大きく報じられた。提唱者はオタワ大学の宇宙論学者ラジェンドラ・グプタ。彼は、「宇宙の膨張速度はこれまで考えられていたより遅く」、それによって計算すると宇宙年齢は大きく修正されねばならないと述べている。

ビッグバン宇宙論を信じてきた人々を混乱させるのは、こうした新しい修正理論がいまもくり返し登場することである。はたして人間が宇宙の姿を真に理解することなどできるのかという、より根源的な疑問が残るのみである。●

注3➤宇宙の相転移（インフレーション理論）
宇宙誕生直後を説明するインフレーション理論では、宇宙の高エネルギーの真空が低エネルギーの真空へと瞬時に遷移（変化）するとし、それを宇宙の「相転移」と呼ぶ。

誰が「ビッグバン理論」と命名したのか？ column

宇宙の起源を表す“ビッグバン”という用語は、1949年にイギリスのラジオ放送の中で、同国の天文学者フレッド・ホイル（**図9**）が口にしたものだ。ホイルは「定常宇宙論（定常状態宇宙）」と呼ばれる宇宙論を支持していたので、宇宙が突然爆発的に誕生したとするこの宇宙論を「ビッグバン（“ドッカーン”）だとさ」と多少嘲笑的に揶揄したのだった。

ビッグバン理論自体を実際に提唱したのはベルギーの天文学者でカトリック司祭のジョルジュ・ルメートルだった。彼はそのアイディアを当初（1927年頃）「原始的原子の仮説」と呼んでいた。あまり注目されなかったが、その後皮肉にもホイルの懐疑と用語のおかげで広く知られ、ビッグバン理論として受け入れられるようになった。

図9
写真／AIP/矢沢サイエンスオフィス

セオリー・オブ・エブリシング

物理学の「究極の理論」はいつ発見されるか?

アインシュタインの信念

アインシュタインが残した言葉には有名なものが多いが、とりわけ次の一文はよく引用され、人々に記憶されてもいる――「この世界についてもっとも理解困難なこと――それは、この世界が理解可能だということである」

どういう意味か? アインシュタインが言わんとしたのは、この宇宙はわれわれの想像力をはるかに超えるほど大きく、文字どおり無数の事物を包含しているが、にもかかわらず人間は、宇宙の歴史のあらゆる部分をモデル化し、その構造を説明し、さらにその将来の姿を予測することさえできる。なぜそんなことができるのか、と彼は言ったのだ。

それは、宇宙のあらゆる事物がたがいに網の目のような関係をもちながらつながっていることをわれわれが知っているからにほかならない。

そしてその関係こそが本書のテーマでもある「物理法則」と呼ぶものだ。アインシュタインは自らの人生の後半を通じてこの問題を考察し続けた。だが、彼のこうした信念はその存命中には実現しなかった。

キュウキョクの理論ってか?

イラスト/十里木トラリ

セオリー・オブ・エブリシングとは?

物理学に興味のある読者なら、「セオリー・オブ・エブリシング」という言葉やその意味を聞いたことがあるかもしれない。これは、科学の世界標準語である英語では文字どおり Theory of Everythingと言い、日本語では「万物の理論」「夢の理論」「究極の理論」などと呼ばれている。一般にはむしろ「統一理論」(64ページコラム)という正攻法的な名称によって知られているかもしれない。

その表現がいずれも示すように、これは物理学が追い求める最後の到達点となるべき理論のことである。

すでに本書の他のさまざまな記事で見てきたように、歴史に足跡を残したすべての物理学者は、この世界、この宇宙を支配する物理法則を追い求めた。それは樹の枝から落ちるリンゴのような身近な物体の運動法則に始まり、光や電磁波の性質などを経て、宇宙の星々や惑星の運動を説明する一般相対性理論を

注1➤4つの力 「4つの力」とは宇宙の物質とエネルギーのふるまいを支配している基本的な力(相互作用)のことで、強い力、電磁気力、弱い力、それに重力を指す。くわしくは64ページ参照。

生み出し、さらには、われわれの目に見えない素粒子のふるまいを解き明かす量子力学へと到達した。ここに至るまでに古代ギリシア以来の哲学者、物理学者たちは2000年以上の年月を要した。

だがここで問題になるのは、20世紀前半まで破竹のいきおいで前進したかのような物理学が、それ以後〝一時停止〟しているように見えるということだ。というのも、一般相対性理論と量子力学は、同じひとつの宇宙、ひとつの物質世界を相手にしていながら、以後たがいに接近しようとしないかのようだからである。どこかが間違っているのだろうか?

もし人間の生み出した物理理論が唯一無二の普遍性をもつものなら、この両者はただひとつの理論、つまりただひとつの方程式へと収束し、文字どおりのセオリー・オブ・エブリシングへと到達するはずではないのか——

多元宇宙論、超対称性理論、超ひも理論?

20世紀半ば以来の〝本流〟を進んだ物理学者たちの努力を一言で言うなら、それは、この宇宙を支配する「4つの力」（前ページ注1）をひとつに統一することであり、またそのためにも一般相対性理論と量子力学を合体させる未知の理論の構築を目指すことであった。

だがそのかたわらで、極端なまで数学的手法に執着する一部の物理学者たちが、セオリー・オブ・エブリシングとなるべき特異な仮説を生み出してもきた。それらはどれも**図2**に見るように奇妙な名前をつけられ、難解な意味を引きずっていた。

ホーキングの残した最後の命題

問題は、これらの仮説的理論はいまのところ実証する方法がなく、われわれ人間の手には負えない〝認識の壁〟につき当たってしまうことだ。

物理学者たちがこれらの仮説を数学的に導くことはできたとしても、それが真実かどうかを知るには、仮説を現実の世界へと引き寄せなくてはならない。それができなければ、どこまでいっても単なる夢の理論から前には進めない。

実際この問題をめぐり、世界の物理学者たちはあまり明るい展望を抱いているようには見えない。彼らの少なからぬ人々が、何らかの回答が出るまで自分は生きていそうもない、と認めてもいる。

もっともすぐれた理論物理学者のひとりとして世界に認められてきた車椅子のスティーブン・ホーキング（2018年没。**図1**）もまた同様である。彼はその生涯の相当部分をセオリー・オブ・エブリシングの探究に捧げた。1980年代には他の物理学者や宇宙論学者たちと同様、さきほどのアイディアのうちとくに多元宇宙論（マルチバース理論）に熱中したこともあった。

だが彼は結局、宇宙が同時に何百何千も存在するという見方を受け入れることはできなかった。いったい誰がこの宇宙の外に出て別の宇宙を観測したり探索したりできるのか、という壁を超えることはできないからだ。

ホーキングが最終的かつ遺言的に残したもの——それは「物理法則そのものは永遠不変ではなく、それ自体が宇宙の進化にあわせて変化したかもしれない」という新しい命題であった。これなら、宇宙の新しい見方として、その探究を未来の物理学者・宇宙論学者たちに託すことができそうではある。●

スティーブン・ホーキング

“車椅子の科学者”として有名なホーキングは1942年生まれのイギリスの理論物理学者。とくに一般相対性理論の研究で知られ、ブラックホールの特異点定理、ブラックホール蒸発説（ホーキング放射）などを提唱。若くして筋萎縮性側索硬化症（ALS）を発症したとされ、後の生涯を車椅子で生活した。2018年死去。

column

注2➤標準モデル（模型）　「素粒子の標準理論」の別称で、宇宙をつくっているさまざまな基本的粒子がたがいにどのように関わり、ふるまっているかについての基本的理論（40ページ参照）。しかし重力のはたらきや、暗黒物質および暗黒エネルギーについては説明できておらず、未完成の状態にある。

図2 セオリー・オブ・エブリシングの候補

①カルーツァ=クライン理論

時空はわれわれの考えるような４次元ではなく「５次元」である。自然界の４つの力のうちの電磁場は重力場の一部として自然に現れる――つまり電磁場は重力場の５番目の方向とみなせる。５番目の方向は小さく丸まっていて人間には認識できない。この仮説はその後何度も改定されたが、他の物理学者たちはその実証性が高まったと見てはいないようだ。

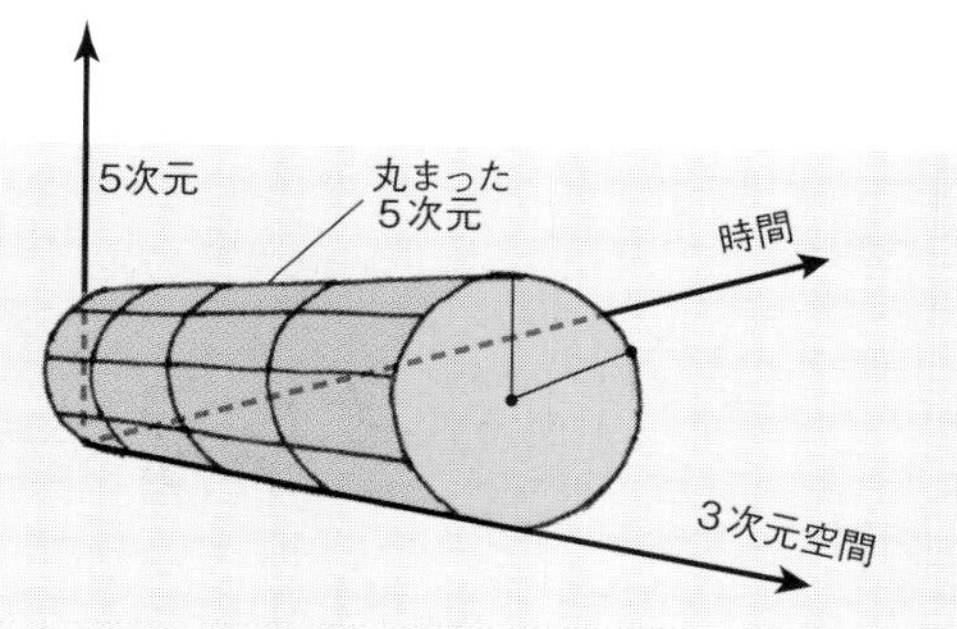

②多元宇宙論（マルチバース理論）

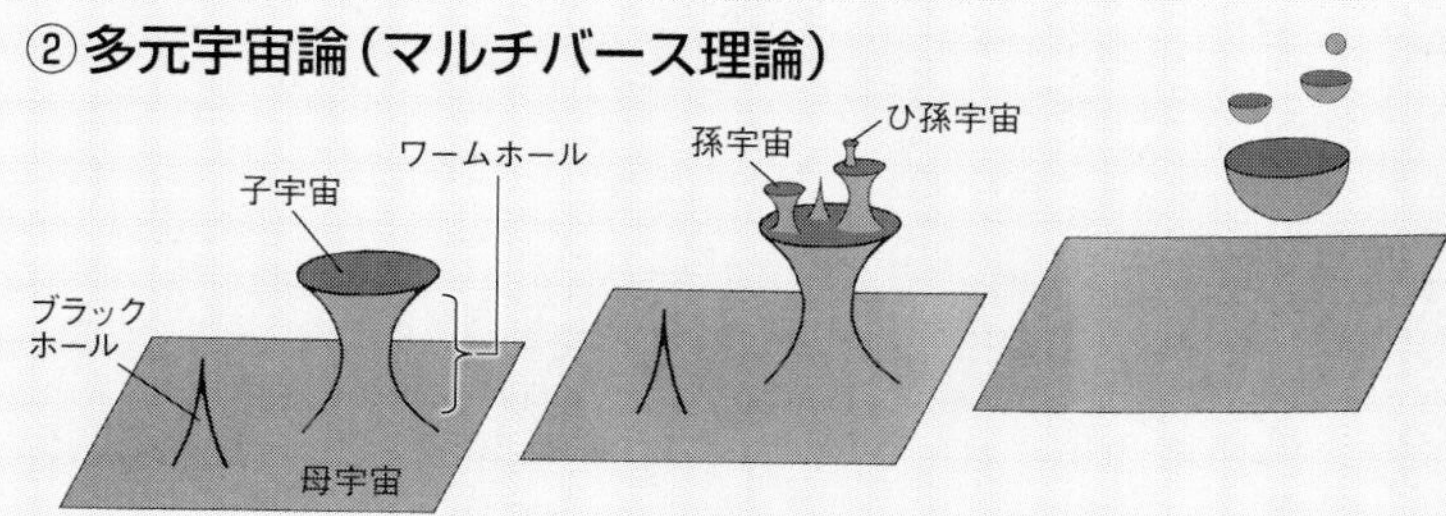

この宇宙の外に別の宇宙があっても、われわれはそれを見ることも感じることもできない。しかし別の宇宙がないとは断定できず、この宇宙はそれらの宇宙の中のただひとつにすぎない。宇宙は石鹸の泡のようにぶくぶくと生まれて無限に存在する可能性がある。これと類似の仮説はいくつもあり、並行宇宙、量子宇宙などと呼ばれることもある。

③超ひも理論（超弦理論）

スーパーストリング・セオリーとも呼ばれる。この仮説的理論では、物質の基本単位はわれわれが想像するような無限小の０次元の点粒子ではなく、１次元の広がりをもつ“ひも（弦）”である。このひもがさまざまな形をとることにより、自然界ではそれぞれ素粒子や力として観測される。この説を援用すれば、宇宙の誕生や進化、それに原子や素粒子などのミクロの物質の姿をも矛盾なく説明できるかもしれない。

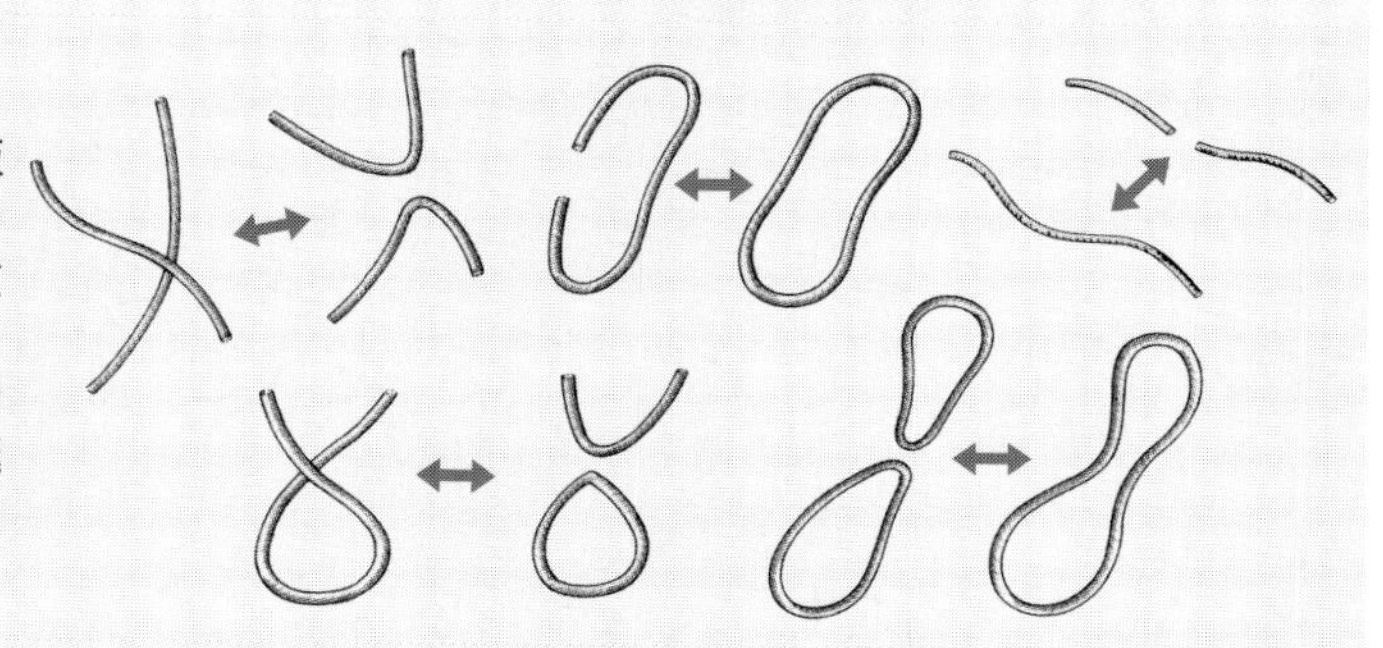

④超対称性理論

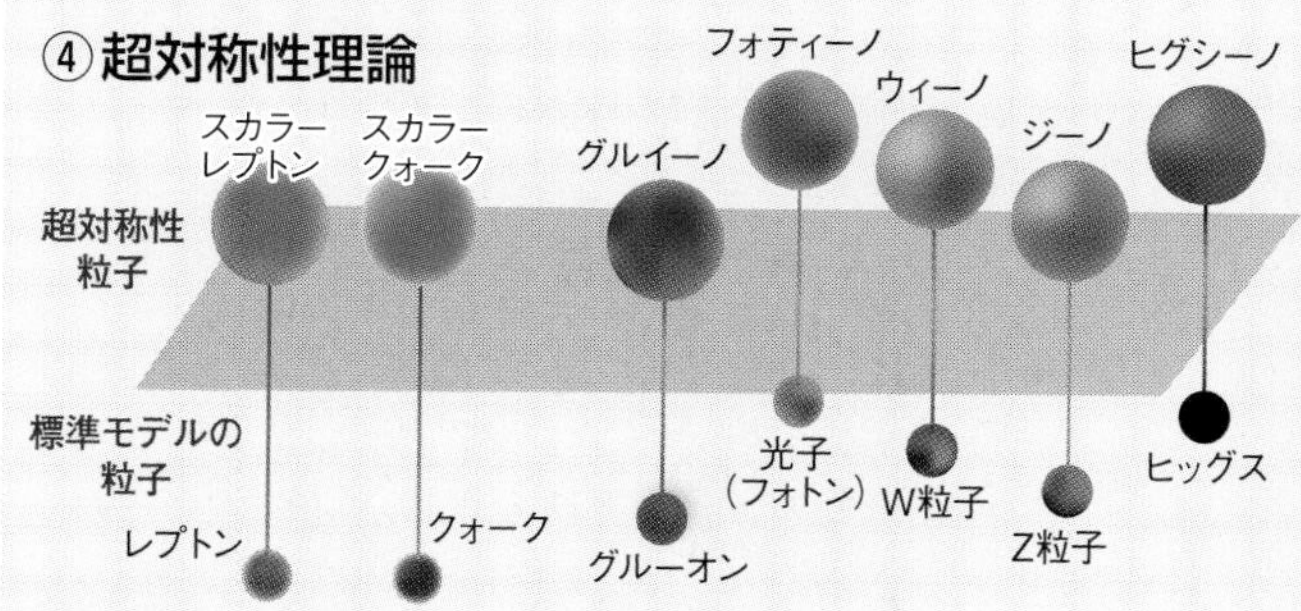

素粒子についての標準モデル（標準理論。**注2**）では３つの力（電磁気力、弱い力、強い力）を４つ目の重力と統一することができないが、素粒子に“超対称性”が存在するなら（各粒子にそれぞれが対をなすフェルミ粒子とボース粒子が存在するなら）、未完の標準モデルを完成させて宇宙を理解できる可能性がある（40ページ参照）。これは、ビッグバンによって誕生し進化した宇宙を時間的に逆行し、進化とともに枝分かれした４つの力をひとつに統一すれば、究極の理論に到達できるということでもある。

⑤M理論

上の③超ひも理論には５つの派生理論があるが、M理論はこれらの統合を目指した11次元の仮説理論。そこではひも（弦、ストリング）は存在せず、２次元や５次元の膜（メンブレーン）が基本要素とされている。Mが何の略かについては諸説があり、理論自体もいまだ研究途上とされる。

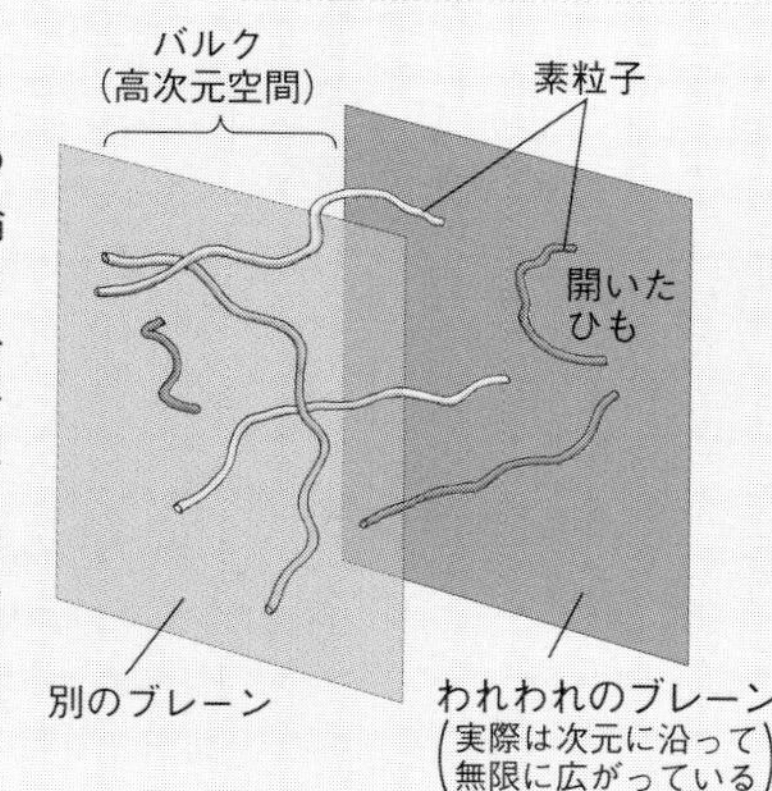

⑥超重力理論

物理学における２つの重要な理論、すなわち一般相対性理論と超対称性（異なる素粒子どうしを結びつける量子力学の概念）とを結合しようとする理論。量子重力理論の発展形。

写真／Lucas Taylor/CERN
作図／高美恵子、十里木トラリ、矢沢サイエンスオフィス
資料／①CERN、②佐藤勝彦ほか

豆知識 物理学と数学 歴史的には数学を用いずにさまざまな科学的仮説や理論が生み出されてきた。しかし現代的な物理学の理論を生み出すには数学は不可欠である。数学によって定義を厳密にし、実験や観測による検証が可能になるからだ。現代の理論物理学者はしばしば数学者でもある。

「統一理論」は何を統一するのか?

「力はひとつに統一されるべきだ」

アインシュタインをはじめ物理学者たちはみなこう信じてきた。つまり「力(フォース)」すなわち物質どうしの間にはたらく相互作用は、見かけ上どれほど異なっていても最終的には同じひとつの力として理解でき、ある条件下ではどの力も見分けがつかなくなるというのである。

たとえばビッグバン宇宙論は、宇宙誕生時にはただひとつの力しかなかったが、宇宙の温度が下がるにつれてこの力が枝分かれしたと説明する。宇宙(自然界)の力をこのように理解する見方を「統一理論(統一場理論)」と呼ぶ。

本文でたびたび触れているように、力には「電磁気力」「強い力」「弱い力」それに「重力」の4つがある。これらはそれぞれ性質が大きく異なる。たとえばミクロの世界では重力はもっとも弱く、その力は他の力より40桁(1兆×1兆×1兆×1万)も小さい。ではどうやって力を"統一"するのか?

現在、重力を除く3つの力は「ゲージ理論」(**注1**)という量子論の枠組みで理解されている。それによれば、粒子どうしの間の引力は、力を担う粒子(ゲージ粒子)のたえざる交換(吸収と放出)によって生じる。たとえば電磁気力では電子と陽子が光子というゲージ粒子を交換する。強い力や弱い力もゲージ粒子の交換によって説明される。

問題は第4の力、重力だ。この力を論じる一般相対性理論は時空の理論でもあり、これが問題を複雑にする。量子論によれば時空ではつねに粒子が生成・消失している。他の3つの力ではこのような"ゆらぎ"の影響は粒子の性質としてまとめられる(くり込み)。だが重力では時空自体が伸び縮みし、その中で発生するゆらぎの影響が広く波及するために収拾がつかない。くり込みが不可能なのだ。

重力をも含めた統一理論を生み出すには量子力学と一般相対性理論を統合することが不可欠である。アインシュタインは電磁気力と重力を統一するために奮闘したが、成功しなかった。彼の夢はいつの日か実現するのか?●

注1➤ゲージ理論　ゲージ(gauge)とはモノサシのことだが、物理学では時空の各点における仮想的な幾何学的性質を意味する。ゲージを回転させても変化しない物理法則は「ゲージ対称性」をもつことになる。ゲージ理論はゲージ対称性を満たす理論を言い、量子電磁力学や弱い力の理論もそのひとつ。これらの理論では、光子などのゲージ粒子の交換によって力が作用する。

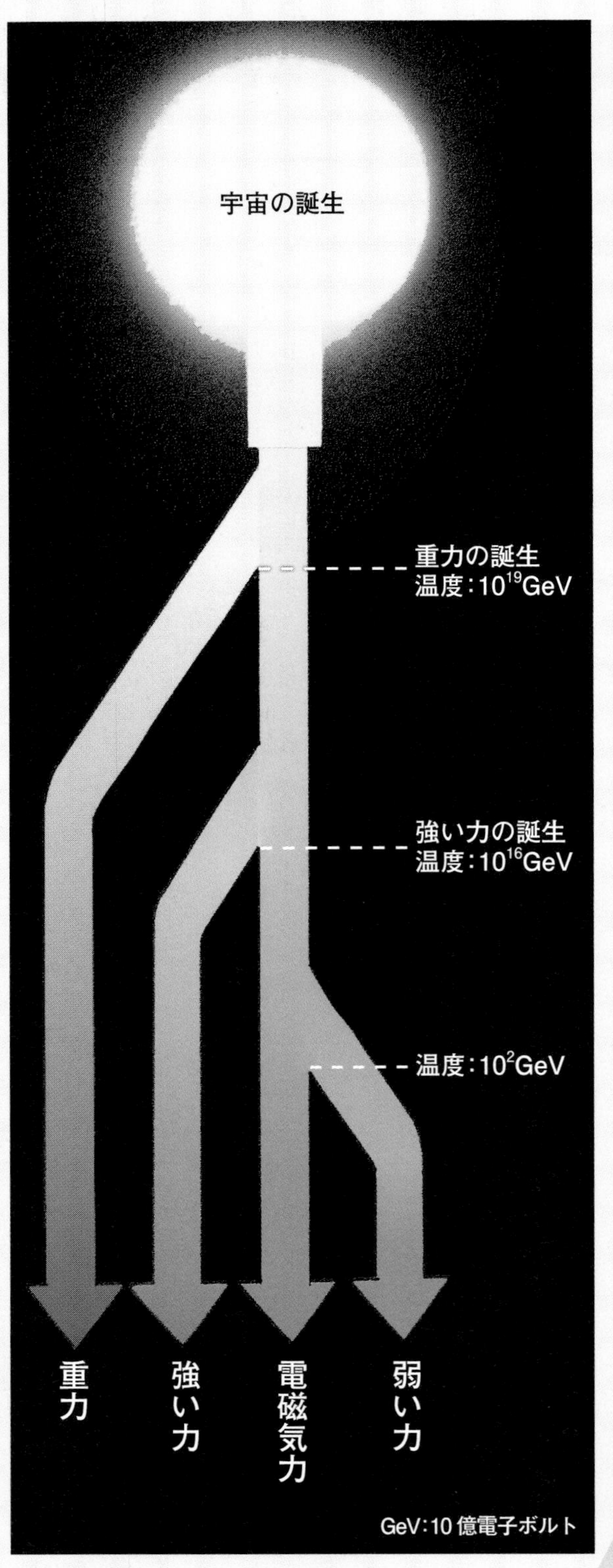

図1 ⬆4つの力は超高エネルギーでは見分けがつかないと考えられている。

生物体の物理学

生物はどこまで機械か？

生物も体をどんどん細かく分解していけば、最終的には分子や原子にたどりつく。つまり、〝生きている〟とはいえ、多様な物質からなる生物もまた物質の一形態であり、その機能はすべて物質によって生み出されている。そこで、生物を物理の視点からとらえる試みが「生物物理学」である。

以前、「T4ファージ」(**図1**)というウイルスのフィギュアやぬいぐるみが製作され、一部で人気になった。大腸菌に感染するこのウイルスは20面体の頭部、チューブ状の尾部、それに6本の細い直線的な脚をもつ。遺伝子であるDNAの格納場所は頭部だ。感染時には、ウイルスはまず大腸菌に取り付いて尾部を細菌表面に付着させ、その表面を溶かす。ついで頭部からDNAを押し出し、細菌の内部に送り込む。その様子はまるで機械生命体である。

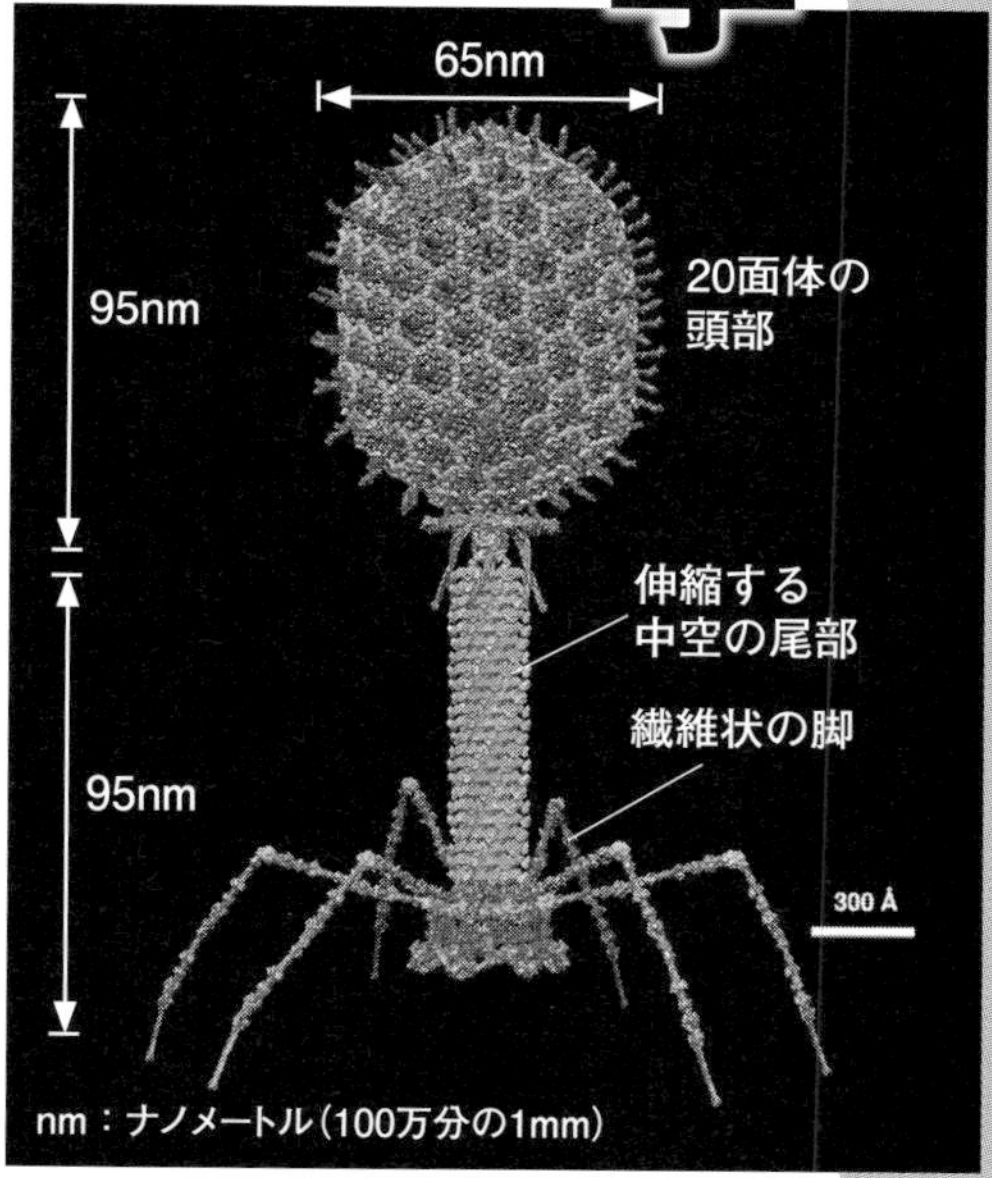

ウイルスは自分の力で増殖できないので、正確にいえば生物ではない。だが、基本的な構成材料は生物と同じたんぱく質や酵素、それにDNAやRNAなどの核酸であり、生物の一歩手前の存在ともいえる。

分子を部品としたこうした機械的システムは、生物体のあらゆる場所で見られる。たとえば細菌の鞭毛(べんもう)モーター。細いらせん状の鞭毛は、基部のモーター部分に結合しており、1秒間に数百回、最大2万回も回転するという。モーターは通常の電気的モーターと同じく、周囲の固定子と中央の回転子からなる。

電気的モーターでは一般に、回転子の中の電流が固定子の磁気による力を受けて高速で回転する。これに対し鞭毛モーターでは、固定子の内部に水素やナトリウムなどのイオンが流れ込み、このときに回転子との相互作用が生じ、モーター回転の原動力になると見られている。そのエネルギー効率はほぼ100%ともいう。

このモーターはセンサーの役割ももち、周囲の物質濃度を感知し、必要なときにモーターを反転させて急旋回する。

他方、人間の筋肉はおもにアクチンとミオシンという2種類のたんぱく質から構成されるが、これらは連なって糸（フィラメント）をつくっている。細いアクチン糸の間に太めのミオシン糸がすべり込むことにより、筋肉は収縮する。

さらに脳の神経細胞（ニューロン）内では微小管という分子の管をレールとして、モーターたんぱく質が行き来している(**図2**)。このたんぱく質はいわば〝運送屋〟であり、ミトコンドリア（**注1**）などの小さな装置をトロッコ列車のように輸送している。

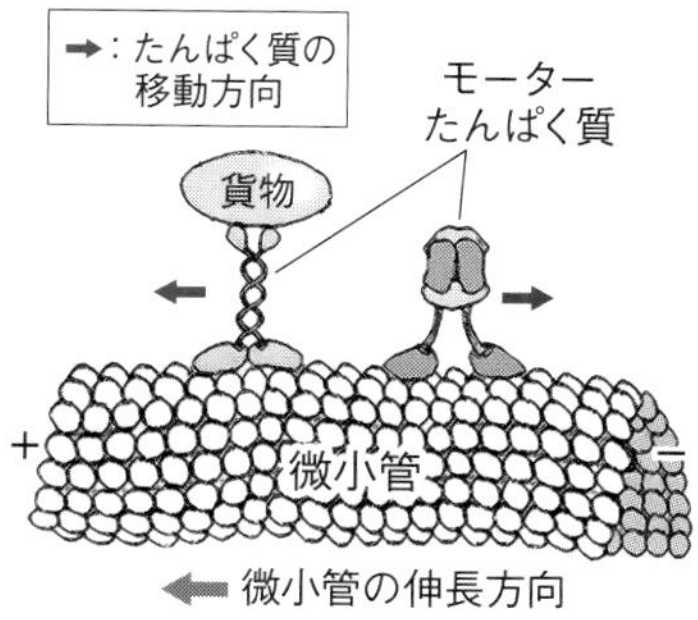

生物物理学ではこうした生体システムがどう構成され、どんなしくみで動くかを探究する。この分野が発展すれば、いずれ生体分子を部品とし、人工光合成などをエネルギー源とした〝究極のナノマシン〟が誕生する可能性もなくはない。●

図1 ⬆大腸菌に感染するウイルスの一種T4ファージ。幾何学的な形態は機械生命体にも見える。 CG／Victor Padilla-Sanchez

図2 ⬆微小管を輸送用レールにして貨物を運ぶモーターたんぱく質。走行には化学的エネルギーを利用している。 参考／Aleia Kim

注1▼ミトコンドリア 細胞内の袋状の器官で、呼吸（酸素→二酸化炭素）を通じてエネルギー生産を行う。体を構成するほぼすべての細胞中にそれぞれ数十～数万個存在し、細胞核の遺伝子DNAとは異なる独自のDNAをもつ。

◉執筆

新海裕美子 *Yumiko Shinkai*

東北大学大学院理学研究科修了。1990年より矢沢サイエンスオフィス・スタッフ。科学の全分野とりわけ医学関連の調査・執筆・翻訳のほか各記事の科学的誤謬をチェック。共著に『人類が火星に移住する日』、『ヒッグス粒子と素粒子の世界』、『ノーベル賞の科学』(全4巻)、『薬は体に何をするか』、『宇宙はどのように誕生・進化したのか』(技術評論社)、『始まりの科学』、『次元とはなにか』(ソフトバンククリエイティブ)、『この一冊でiPS細胞が全部わかる』(青春出版社)、『正しく知る放射能』、『よくわかる再生可能エネルギー』(学研)、『図解 科学の理論と定理と法則』、『図解 数学の世界』、『図解 数学の定理と数式の世界』、『人体のふしぎ』、『図解 相対性理論と量子論』、『図解 星と銀河と宇宙のすべて』(ワン・パブリッシング)など。

矢沢 潔 *Kiyoshi Yazawa*

科学雑誌編集長などを経て1982年より科学情報グループ矢沢サイエンスオフィス(㈱矢沢事務所)代表。内外の科学者、科学ジャーナリスト、編集者などをネットワーク化し30数年にわたり自然科学、エネルギー、科学哲学、経済学、医学(人間と動物)などに関する情報執筆活動を続ける。オクスフォード大学の理論物理学者ロジャー・ペンローズ、アポロ計画時のNASA長官トーマス・ペイン、マクロエンジニアリング協会会長のテキサス大学教授ジョージ・コズメツキー、SF作家ロバート・フォワードなどを講演のため日本に招聘したり、「テラフォーミング研究会」を主宰して「テラフォーミングレポート」を発行したことも。編著書100冊あまり。近著に『図解 経済学の世界』、『図解 星と銀河と宇宙のすべて』(ワン・パブリッシング)などがある。

カバーデザイン ◉ StudioBlade(鈴木規之)
本文DTP作成 ◉ Crazy Arrows(曽根早苗)
イラスト・図版 ◉ 細江道義、高美恵子、十里木トラリ、矢沢サイエンスオフィス

【図解】物理学の理論と法則の世界

2023年12月25日 第1刷発行

編 著 者 ◉ 矢沢サイエンスオフィス
発 行 人 ◉ 松井謙介
編 集 人 ◉ 長崎 有
企画編集 ◉ 早川聡子

発 行 所 ◉ 株式会社 ワン・パブリッシング
〒110-0005 東京都台東区上野3-24-6

印 刷 所 ◉ TOPPAN株式会社

[この本に関する各種お問い合わせ先]
・本の内容については、下記サイトのお問い合わせフォームよりお願いします。
https://one-publishing.co.jp/contact/
・不良品(落丁、乱丁)については Tel 0570-092555
業務センター 〒354-0045 埼玉県入間郡三芳町上富279-1

・在庫・注文については書店専用受注センター Tel 0570-000346